COGNITIVE

REALIZATION

认知变现

升级人生就是突破你的认知

张伟超 – 著

中国水利水电出版社
www.waterpub.com.cn
·北京·

内 容 提 要

在信息爆炸时代，我们很难认识到自己观点、认知中存在的问题，导致我们在固定的思维图式中重复着错误的决策、判断与选择。但人生是一个需要不断追赶与超越的过程，如果我们想要确保自己不被时代所淘汰，那么就需要一套正确的认知方式。

本书从人生认知、社会认知、职场认知、谬误认知、自我认知、情绪认知六个角度，将理论、示例、方法相结合，提供具有理论支撑、案例引导、操作讲解的认知重构方法。

图书在版编目（CIP）数据

认知变现：升级人生就是突破你的认知 / 张伟超著
. -- 北京：中国水利水电出版社，2022.2
ISBN 978-7-5226-0377-3

Ⅰ. ①认… Ⅱ. ①张… Ⅲ. ①认知科学 Ⅳ.
①B842.1

中国版本图书馆CIP数据核字(2021)第271599号

书　　名	认知变现：升级人生就是突破你的认知 RENZHI BIANXIAN: SHENGJI RENSHENG JIU SHI TUPO NI DE RENZHI
作　　者	张伟超　著
出版发行	中国水利水电出版社 （北京市海淀区玉渊潭南路1号D座　100038） 网址：www.waterpub.com.cn E-mail：sales@waterpub.com.cn 电话：（010）68367658（营销中心）
经　　售	北京科水图书销售中心（零售） 电话：（010）88383994、63202643、68545874 全国各地新华书店和相关出版物销售网点
排　　版	北京水利万物传媒有限公司
印　　刷	天津旭非印刷有限公司
规　　格	146mm×210mm　32开本　7.5印张　150千字
版　　次	2022年2月第1版　2022年2月第1次印刷
定　　价	49.80元

1

2

3

第 3 章

职场认知：步入高速公路

4

第 4 章

谬误认知：消除错误认知

第1章

1

人生认知

打破认知牢笼

你的人生图式正在阻碍你

我们如何看待这个世界？或者说我们与世界互动的方式是如何产生的？社会心理学家通常认为，我们在生理、心理、社会的综合影响下产生了对世界的认知，并且在这个过程中，由于我们的生理、心理、社会因素的不同，从而产生了在一定倾向下具有鲜明特色的认知风格。而认知心理学将影响因素细分为感觉、知觉、记忆、思维、图像、语言。

无论是从认知心理学还是从社会心理学来看，认知指的便是我们获取知识、加工知识、应用知识的过程。我们在获取信息后，通过显性或隐性的信息加工，结合原有的知识、经验储备，使我们得以对信息进行了解与消化，最终转化为我们的内在心理活动，从而影响着我们对事物的看法与互动方式。

2017年的时候，我接手一家集团的运营部门。对于部门中的员工来说，领导的更替往往意味着破局的机会。于是，一名部门经理向我述职时，拼尽全力地想要表现出自己思维上的优势，在有限的时间内，他充满激情地向我表达了对部门、对企业的看法，在他看来，似乎这些发言会使我对他刮目相看，从而获取到更多的机会。

发言结束后，他充满期望地看着我，希望我能给予他期待中的肯定，但实际上他的发言、建议、评论在我看来，完全是由于他所获取的信息不足，而导致对企业的认知产生了偏差，并且他的建议与企业的决策层所制定的发展方向相悖，根本不具备实现的可能性。

我当然还是给予了他期望中的肯定，但我并不认为这是一个可塑的人才。因为在他的表达过程中，错误的认知已经形成了思维定式，他理所当然地认为自己所猜测的是正确的，并且拒绝去接受其他不同的观点。

在他看来，企业想要获得更多的利润，便需要拥有多元化的产业，实际上我们在现有领域仍有很大的盈利空间。在我向其提出不同观点时，我明显能看出他脸上的失望，相信在那一刻，他心中已经将我打上守旧、顽固的标签。但最终企业在新的财年，确实通过继续深耕原有领域获得了超出预期的利润，我本以为这足以说服他，但结果是他仍坚信多元化发展会获取更多利润。

我们在成长过程中，由于所受影响的不同，从而产生了对相同事物不同的看法，这并非通过几句争论便能扭转、解决的。实际上随着互联网时代的开启，我们每个人都可以获取到远比以往更加丰富的信息，但信息的筛选是需要消耗精力与脑力的，受限于脑力的有限性，我们具有了比以往更加顽固、更加坚定的人生图式。

我们通过内心的图式，对人生中的每个对象进行了笼统的定义，从而使我们在面对相同对象时，可以减轻我们的脑力运算成本。这正如著名心理学家戴维·迈尔斯在《社会心理学》中提出的信息内加工概念，与认知心理学中的图式概念不约而同，都是为了降低我们的决策、判断、信息筛选成本，从而通过对事物固定的认知，使我们在不需要主观意识参与的情况下，完成决策、判断与信息筛选。

根据最新的研究调查显示，一个人每天需要接收约为34GB的信息，这相当于10.05万个英文单词的信息量。想象一下，如果这些信息都需要我们主观意识的介入，如果我们不具备信息内加工的思考方式，那么显然我们的精力会很快地消耗殆尽。所幸的是，我们主观意识仅仅介入其中的5%，剩余95%的信息都储存于我们的潜意识之中，以备日后调用。

图式帮助我们快速、有效地筛选了信息，使我们的脑力得以聚焦于更加重要的问题之上，但这并不意味着图式不具备两面性，错误的图式反而会使我们不断地做出错误的判断，最终导致我们一生碌碌无为。

前文中我说到的那位部门经理，最终充满失望地离开了集团，因为当他发现集团并没有按照他的想法进行决策时，集团的所有决策都是错误的。我曾经也试图去启发、改变他对企业的认知，但并没有奏效。因为他的人生图式过于坚定与顽固，即使他因此平白承受了许多失望与痛苦，他仍然没有放弃、改变自己的图式。对事物的判断不同并不会影响到他未来的发展，毕竟他可以与具有相同图式的人一同工作，但对图式抱有坚定、顽固的认知，永远不去更新自己的人生图式，则意味着当他踏入社会的那一刻，或者说在社会得以立足的那一刻，便停止了成长。

当我们看到那些人生图式固化的人原地踏步时，也不妨考虑一下自己，因为人生图式的固化是不易察觉的，甚至我们的潜意识在不断地抗拒我们去承认这点。在我们幼年时期，好奇心促使我们不断地通过认知去感受这个世界，在幼年时期认知水平不足的情况下，大人们表现出更为透彻、深刻的认知行为，使我们深切地知道自己还不足以对事物进行定义，因此幼年时期我们的图式并不会固化，会随着认知水平的提升而不断变化。

随着我们开始踏入社会，运用之前幼年、青年时期所掌握的知识参与到社会的价值分配环节中时，由于学生向社会的转变过程中没有足够的经验积累，我们不得不通过改变我们的人生图式来迎合、参与价值分配，此时我们的图式并不会固化，因为只有不断调整图式，我们才能在社会中生存。但随着我们逐渐积累了经验与技巧，我们得以稳定地获取收益，并且依靠这些收益实现物品的购买、家庭的组建，此时我们的人生图式随着志足意满，逐渐固化。

我们成功后获得的一切，都源自我们过往的认知图式，大脑会促使我们维持原有图式不变，毕竟变更图式虽然有可能使我们获得更好的成功，但同时也有可能造成我们的损失。心理学家、数学家丹尼尔·卡内曼的展望理论将经济学与心理学结合，指出了个体相较于收益，更加厌恶损失。因此当成功与失败并存，出于损失厌恶，我们必然会选择不更改人生图式，从而防止失败。

但客观环境不随主观意识而改变，即使我们拼尽全力想要维持现状，时代的发展却从来不顾及我们的主观意识，它只是冷漠却又冷静地通过各种征兆提醒着我们，若我们稍有不从，它便碾压而过，没有怜悯，甚至不曾等待。吃力的工作、停滞的职位与不曾增长的薪资，都是时代给我们的征兆，但我们将那些念头、担忧与焦虑隐去，固执地不去承认，也不去改变。

所幸的是，改变永远都不会太晚，醒悟后的奋起直追也不会落后太多，有的人可以通过第三天性悟出这个道理，而有的人不得不经历人生的滑铁卢后才会敢于正视。2018年时那名经理找到我，说他在新的企业各处碰壁，既融入不了环境也融入不了工作，他终于意识到是自己出现了问题。我认为这是他第三天性的开悟，不过我并不准备给他过多指导，因为这些指导最终可能化为干扰与阻拦。

"找到那些让你好奇的东西，将其转化为你的内驱动力。"我只和他说了这一句话便不再回复，他懵懵懂懂地说了一句"谢谢"，但我相信我的回复并不令他满意，甚至我的回复对他造成了一定的打击。但这种打击对他来说并不是一件坏事，他曾经过于坚信那些使他获得现有一切的东西，而那时他需要的不是坚信，而是动摇。

我们太过于坚信那些使我们成功的东西，那些知识、经验与技巧，曾经激起了我们无限的欲望，我们废寝忘食地去汲取与学习它们，我们费力地记忆、操作、联系，使它成为我们人生的图式，使它成为我们成功的基石。

最终它确实使我们得以成功，但在我们认为自己成功的那一刻，我们也就不再需要它，那些学习、阅读、深入、探讨、理解与思索，都随着我们的成功而停滞。于是我们便失去了驱动力，我们开始寻求金钱、赞美、崇拜，但这并不会使我们体会到曾经来自自己内心的力量，这些来自外部评价的激励，短暂且微弱。

2019年6月，那位经理通过社交媒体向我说了一声"谢谢"，说他重新找到了失去的东西，现在他已经担任一家企业的总监职位，马上将升职为执行副总裁。他告诉我，这2年的时间，他沉沦过、迷茫过、放弃过，但最终他认识到了自己人生图式的固化。我不得不说他是幸运的，他经历了短暂的人生滑铁卢，却找到了长久的人生驱动力，但幸运的人终究是少数，更多的人即使经历人生的挫败，却只会怨天尤人，抱怨世界的不公、命运的不公。

看到这里，或许我们都应该问自己一个问题：我们的人生图式，固化了吗?

抵御人生的惯性滑行

我们每个人的人生都是独一无二的，人生中的不同选择使我们流入了不同的命运支流，许多人在选择中迷失，在选择中迷茫，但那是幸运的迷失与迷茫。因为更多的人依照自己人生的惯性，闭着眼睛不去观察、不去思考地在命运中滑行。

2018年的时候，一个许久不见的同学请我吃饭，地点在一个远超叙旧标准的场合，我虽知对方可能有事相求，但好奇心还是促使我前往见面。提前半个小时抵达的我，却发现他早已经等候多时，这并不是好的征兆。落座后他拘谨地和我闲聊，我也是淡淡地应付，只等他将问题抛出。

"我结婚后过着一成不变的生活，每天起床、工作、吃饭、睡觉，无限循环。"随着逐渐熟络，他很懊恼地告诉我他的现状，眼神中充满期待与希冀，似乎想从我这里寻求一些快速、有效的解决方法。但我叹了一口气，他并没有将一成不变的生活归咎于自身，当他提起结婚我便知道，他要将生活的种种苦闷归咎于婚姻。最终不出我所料，他向我倾诉他婚后的种种不适与不满，全然忘了我们不过是刚刚重新联系，而我也知道他仅仅是想要向一个熟悉的陌生人倾诉，并获得我的认同与附和。

但我并不想满足他的希望，我向他描述了一个场景：手动挡汽车在下坡时通过空挡的方式，使车辆在惯性下疾驰，此时汽车即使不做功，也可以维持原有的轨迹行驶，但如果这辆依靠惯性滑行的车辆在道路的中途撞车，是应该怪罪于下坡还是车主？

或许是我在同学的圈子中略有威信，也或许隐藏于他情绪宣泄背后的是热切的求知欲，他坐正了身子，酝酿许久，缓缓地说出了后面的故事。

我们通常使用惯性滑行这个词形容一个进入衰退期的企业，以恨铁不成钢的目光，看企业的策略、看中层的危机、看深陷的泥潭。但企业是由人组成的，正如企业不同的决策对自身命运的影响，我们个体的不同决策也深刻影响着我们个体的命运。

惯性滑行并非一个具有详细定义的名词，它更多的是表示个体在观察到同一现象，对现象产生共识后而默契地形成的词语。这就导致惯性滑行对许多人来说有着不同的解读方式，许多人也因此将惯性滑行当作一种习惯的别称。

惯性滑行与习惯滑行虽然外在的表现形态都是一种无意识、重复性的决策行为，不需要主观意识的参与，而是通过信息内加工方式对事物进行决策，但惯性与习惯不同，习惯的力量虽然强大，但并非无法改变，因为习惯的养成本身便是没有"成本"的，也并非出自辛苦的付出，因此习惯往往没有"沉没成本"。

我们很多时候仅仅需要一个合适的契机，便可以下定决心改变自己的错误习惯，这个过程中我们不需要付出那些无法挽回的"成本"，我们不需要放弃以往学习到的知识、技能与经验。

但惯性却是需要付出"成本"的，正如汽车在下坡前往往需要先爬上一个高坡一般，我们之所以得以通过惯性滑行的方式在社会中存活，原因在于我们求学、实习、转正、升职过程中在不断地"做功"。我的这位同学，毕业后便从事技术工作，历经多年终于达到了年薪30万元，如果他想要做出改变，想要换一个工作环境，甚至说换到别的岗位，那么则意味着那些使他达到年薪30万元的很多技能都需要放弃。

可惜的是他所处的技术体系逐渐面临淘汰，如果他转向新的技术体系，则意味着他要放弃原有的积累，而不转向新的技术体系，他早晚还是会面临失业，最终所有的技术仍会化为乌有。因此促使他下定决心找到我的原因，并非一成不变的生活，而是一眼望去充满阻拦与绝望的生活。

那么他是否应该及时地转向新的技术体系？相信如果让我们来选择，我们会毫不犹豫地选择全面拥抱变化，从而在新的体系中获取领先地位，拥有更加广阔的前景。旁观者往往可以高瞻远瞩，并做出理智、客观的选择，但我知道他所面临的并非一个选择，他所面临的是选择背后的种种负担，所以我不会说出那句"你应该拥抱变化"。

我相信他知道拥抱变化的重要性，但现在他所拥有的一切，都是由他所掌握的技术得来的，那些夜以继日的坚持，那些曾经付出的鲜血与汗水，如何抛弃？

我相信他知道惯性滑行的错误所在，但他不是独立地生活在这个世界上，他的爱人、孩子、父母都在依靠着他。

如果他决然地开始拥抱那些变化，意味着一切要重新开始，他的爱人、孩子、父母都将因此受到影响，他又该如何直视他们的双眼，告诉对方自己将要从头开始？

他看似拥有着选择，但实际上他并没有选择。因为这是过往的动力累积所导致的窘境，正如我们爬坡时缓缓踩下的那一脚油门，它帮助我们艰难地上坡，带我们来到人生的顶点，又使我们在接下来的下坡中惯性滑行。那么这脚油门体现在生活中是什么？人们很难对这脚油门进行概括，因为它可能是上进心，可能是责任感，可能是求知欲，但最为贴切与契合的概括，便是累积的消费。

我的这位同学，或者说我们自己，很多时候面临选择却无法选择，往往是来自我们过度透支的消费。同学拥有着30万元的年薪，但他的家庭并没有30万元的现金储备，因为他受困于房贷、车贷等透支的消费之中。过度透支的消费，使他丧失了抵抗风险的能力，他拥抱变化则意味着家庭失去赖以生存的资金，于是他只能不断地在惯性中寻找机会。这正如人生图式中的损失厌恶一般，当他陷入消费陷阱之中，客观条件进一步加深了他对损失的厌恶，于是他不得不考虑成本，而非收益。

我看向我的同学，他所拥有的财富与价值，仍属于我们中最为优秀的那一批人，但我却无法从他的脸上看到曾经的自豪与快乐，我看向他时，正如他看向自己的人生那般，充满荆棘。幸运的是，任何困境终有解决之道。他需要的是修正自己错误的消费观念，最终拥抱变化，解除惯性滑行状态。

"你年收入30万元，买一辆30万元的车，对你来说不算什么吧？"同学愣了一下，然后很轻松地告诉我，如果他现在没有车，买一辆30万元的车对他来说完全不算什么。"但你有200万元的房贷。"我提醒他。但他仍然不以为意地表示，即使是在200万元的房贷情况下，负担一台30万元的车，并不算什么。

30万元的年薪税后约为26万元，对他来说，买30万元的车，采取首付10万元分期20万元的方式，完全不会造成资金压力。他在用自己的收入与消费对比时，这确实不会造成太大的影响，但如果我们将消费拆解为日均消费，然后再与收入对比，便会发现这其中充满了问题，仅仅是房贷、车贷、餐饮、服饰便占用了他76%的收入。

一次次的透支消费，每一笔消费与自己的收入对比似乎都不足为道，但这不过是消费陷阱通过不足以影响我们的阈下意识，使我们盲目地进行消费决策，最终持续性地透支消费，导致我们失去了决策过程中的选择权，只能奋力地保持现有收入不变，不断地惯性滑行。

当我将这种消费决策方式告知我的同学后，他如获至宝。依照执行后，他减轻了财务压力，从而成功地转向新的技术体系，并获得了更好的职业发展。他体会过丧失选择权的痛苦，也体会过重获选择权的快乐，但真实的故事通常并没有那么美好，成功的志足意满使他再次步入消费陷阱之中，只是这次已经无法通过修正消费观念进行扭转。

　　人生会不断地经历挫折，而挫折会带给我们痛苦与焦虑，如果这些痛苦与焦虑的未来具有希望，我们还是会乐于坚持。但惯性滑行带来的选择权丧失，却令我们如此绝望，我们眼睁睁地看着自己不断下滑，最终深陷泥潭。

成长总在无意识中停滞

在社会中，不同的认知水平会影响我们的决策，从而使我们的人生出现不同的走向。社会学家认为，我们的认知是由生物、心理、社会共同塑造的，这三种因素的组合使我们在社会中出现了不同的行为模式，也构建了不同的认知水平。

我们常说的成长，便是根据我们所经历事物的经验，去调整、优化我们的认识水平，从而使我们在社会生活中更加游刃有余。这种调整与优化，从我们在孩童时期便开始进行，我们的大部分后天行为，都是由孩童时期开始从社会中所习得的。但这种调整与优化，并不一定会贯穿我们的一生。

在心理学中有一个概念，被称为认知闭合需要。猿人先祖面对复杂、高风险的生存环境时，本能地希望对周围的环境有所掌控，从而确保自身的安全与生存。这种本能的延续，使我们在现如今的社会中生存时，也会在好奇心的驱动下主动地对某些事物的空白属性进行添加，从而满足我们自身的认知闭合需要。

道格拉斯·亚当斯的科技三定律，提到了一个很有意思的观点，大意是出生前便存在的科技都是稀松平常且属于世界原本秩序的，15 ~ 35 岁所诞生的科技都是改变世界的革命性产物，35岁后所诞生的科技都是"违反"自然规律的。

35 岁后，我们已经对周边的常见事物产生了应有的认知，填补了事物所需的属性，此时即使是事物产生变化，曾经的经验也会阻碍我们对事物属性进行更替，从而使我们在不知不觉间停止了对外界的探索，造成我们的成长停滞。我们开始依凭过往的经验行事，即使是事物现如今的状态与我们的经验产生激烈冲突，我们也只会选择罔顾事实而听信经验。

我在为一家互联网公司做战略咨询时，经常可以遇到30多岁的中层领导，他们通常有着丰富的行业经验与最为契合岗位的能力技能。在企业处于疯长的上升期或是平稳的稳定期，他们可以为企业创造应有的价值，并且使企业拥有稳定的运转态势。

但是他们可能并不适合应对行业衰退期的激烈竞争，或是应对行业盈利模式变化时的动荡期。他们凭借自身经验使企业度过了前两个阶段，而在市场变化或是竞争转为白热化阶段时，经验却成为他们最大的绊脚石。

比如在这家互联网公司的一位市场部总监，在早期企业扩张期，通过频繁的地推与路演，以"烧钱"的形式为企业快速获客，使企业在市场中脱颖而出。但在后续的衰退期，他还希望继续通过"烧钱"维持新用户的流入，但此时资本对行业的热度正在褪去，市场新用户流入较少，现有用户群体的获客成本已是原来的近两倍，企业显然无法支撑这种"烧钱"的模式。

公司高层也试图说服他寻找新的方式，比如提升现有用户群体的黏性，或是尽可能地延长用户生命周期，再者便是开拓新的获客渠道。这并非一件难事，因为行业内许多其他企业已经在尝试相似的手段。但这位总监却并不认同，在他看来，只有尽可能地通过地推或是路演，才能最大化地获客。最终因为与公司发展理念不合，这名总监接受了企业所支付的赔偿金，被迫离开了公司。

这位总监直至离开公司，仍固执地认为自己所坚持的并无错误，即使行业中已经有许多其他方式的成功先例，即使公司的财报与实际经营状况已经无法支撑这种获客方式，他也并没有改变自己的想法。

精神分析学派的心理学家西格蒙德·弗洛伊德提出过"固着"的概念，在他看来，一个人在某个阶段得到过过分的满足或是过高的挫折，则会导致发展的停滞。这个观念通常用来解释性心理发展，普遍用于口欲期所出现的负面心理解答。但同样也适合解答成年后的成长停滞。

许多35岁左右的中年人之所以陷入成长停滞的状态之中，就是由于出现过高的自我认知，认为自己的学识或是经验已经超出他人良多，自然也就无法接受其他外界声音。另外就是在遭受挫折后，自我效能感显著降低，认为自己并没有能力去掌握、学习、吸纳新的知识，从而将外界的变化对外归因，认为变化是

"邪恶""可怕""不应存在"的。

成长的停滞，意味着对外界变化的"失聪"，一成不变的经验最终会随着外界的不断变化而被淘汰，变得不再适用。而想要跳出成长的停滞，则需要考虑自身对事物的固有印象、对事物的定义与看法是否是出自自身的固着。

我们都可以在面临决策或是评价时询问自己两个问题：

"我对事物的定义与应对，是否出于我固有的经验，我是否过于高估了自己的看法？"

"我对事物的定义与应对，是否来自我不想承认变化，我是否在由于抗拒而选择逃避？"

离开公司的这位总监，我们并没有后续的联系。在他看来，企业所做出的决定，来自"飞鸟尽，良弓藏"。而公司的新任总监，逐步将公司部分获客渠道转移至线上，实现了双轨并行，在减少获客成本的同时，使企业获得了更高的风险抵抗能力。现如今，这家企业已是线上服务领域细分市场的龙头。

如何正确衡量价值

近些年，"价值"这两个字越来越频繁地被人提起与应用，不论是个人的人生意义，还是职场的工作成果，都在依靠价值这两个字来进行评定。

但价值本身是一种包容量大且含义模糊的概念，我们很难以数值化来对其进行精准的衡量，价值的多与少，多半是依靠客体与主体之间的效益关系来进行模糊的判定。

由于价值本身难以精准衡量的特性，使得人们在交往过程中，为了减少沟通成本，逐渐开始对价值的定义产生趋同性，认为价值便是一个人的商品价值，于是开始以金钱作为衡量尺度，来对个体的价值进行定义。

这种定义方式，虽然减少了沟通成本，却很容易使人对价值产生固化和"歧义"，误将金钱作为人生价值的唯一衡量尺度。

这是由于人类本身具有"被他人认同"的需求，金钱可以在一些特定的场合之中使个体获得他人的认同，而他人的认同则转化为个体所需的安全感。从一定意义上来说，这种来自他人的认同，是个体在社会生存的必要条件，人们需要通过他人的认同来评估自己的工作、生活的稳定性。

但这种建立在金钱之上、来自他人的认同，却并非一成不变的，它会随着场合、人群、地位、情绪的变化而产生不确定性，可以说，来自他人的认同并不具备长久的稳定性。并且这种源自金钱的他人认同，本身也是一种攀比的过程，在向下比较的过程中会收获安全感，而在向上比较中，却会遭受强烈的挫败感。正如一个企业的高管人员，在与员工一起时会收获足够的他人认同，但在与董事会成员共事时，却不免产生挫败感。

因此，虽然获得他人的认同代表着一个人具有在社会中生存的能力，但想要在生活中收获快乐、满足，实现有价值的人生，则需要获得长久、稳定的认同感。而长久、稳定的认同感，则来自一个人对自身的行为、观念、生活意义与人生最终价值的自我认同。

这种自我认同，往往与金钱无关，甚至与名誉、荣誉、物质无关，而是建立在一个人在社会中对自己未来的期许与实现过程。

许多人一直是懵懂地活着，新的一天不过是对前一天的麻木重复，或许在麻木重复的过程中也曾燃起过对未来的期许，却没有坚定的信念来支撑，最终只能抱憾终生。

之所以没有坚定的信念，在于许多人对未来期许、人生价值的设定本身便是虚幻且没有意义的。

我见过有人将自己的人生价值期许建立在实现财富自由之上，但随着自己的欲望膨胀，财富自由的门槛也就越来越高，最终在这追逐之中耗尽了全部期望。

想要获得坚定的信念，走完真正有意义与价值的一生，所需要的便是跳出个人价值的桎梏，以社会、世界的角度去思考价值之所在。

人类文明的进步建立在社会的分工协作之上，分工协作使得人类可以在某一领域投入更多精力以获得精进，后人便得以站在"巨人的肩膀上"看得更高、更远。

如果将人生价值期许聚焦于个人的物质、荣耀、名誉之上，其实可以说是一种浪费，因为个体思考所产生的观点，本就是文明的一部分，也是留给后人的财富。正如人类的三次工业跃进，从蒸汽到电力，从电力到原子能、电子计算机与空间技术的应用，本就是站在"巨人的肩膀上"的思考成果。

因此，对于个体来说，人生的最大价值本应建立在对他人、集体、社会的积极影响之中，而人生价值期许设立的过程，则是一个人思考自己希望在社会中扮演什么样的角色，又将要对社会提供怎样正面价值的过程。

只有将人生的价值与期许建立在对社会与他人的促进之中，一个人才有可能获得足够的信念，待到这种价值得以实现的那一天，是足以镌刻在历史长河中，不断被传颂与铭记的。毕竟他人的认同，带来的是不稳定的安全感，而对他人所施加的积极、正面影响，却可以使我们收获到真正具有价值的满足感。在对他人与社会的精神奉献、积极影响过程中，我们的才能与潜能会得到最大限度的发挥，从而使我们时刻获得来自自我的认同，并在这种自我认同中找到足以支撑我们人生价值期许的坚定信念。

奉献作为一种典型的利他行为，本身便是一种被我们的基因所携带的遗传本能，相较于自私自利，族群的繁衍与发展本就离不开奉献。在遗传本能、族群秩序的作用下，个体不仅可以收获足够的满足感，还可以获得来自族群秩序的馈赠。

因此，对于个体来说，想要获得真正富足、具有价值的人生，就需要设立对未来的期许，思考自己能为他人、集体、社会提供什么样的价值与贡献，并利用余生中的每一天、每一刻去追逐目标与实现目标。

而追逐目标与实现目标的过程，本身便是释放潜能、充分发挥心智的过程，在此期间，可以收获足够的自我认同，并且随着最终实现的那一刻的到来，获得巨大的人生满足感。

当一个人走完这样的一生，他的每一天都是充实的、满足的，他的人生并不会随着生命而结束，而是随着人们对其贡献的学习与传唱，贯穿并活跃在人类文明的每一个角落、每一寸时光之中。

深谙世故的年轻人，最为平庸

在以往生活物资并不富裕的情况下，许多人为了生存，会选择性组成一个紧密的同盟关系，共同抵御风险，从而满足个体的生存、安全需求。个体之间的信任关系，使他们通过互惠利他行为，来帮助正处于危难时期的盟友，从而换取自己在处于危难状态时他人的援助。

这种互惠利他行为，对信任与稳定具有较高的要求，因此通常都是以血缘为联系，由几个核心家庭以较为松散的形式组成同盟。这种同盟关系，随着社会的逐渐演化被称为宗族。宗亲间在生活上互助、互救，在思想上也形成独特的文化。处于宗族之中的个体，需要尽可能地使自己的行为、思想契合宗族整体要求，从而防止自身被宗族所遗弃，失去抵抗风险的能力。

现如今由于物资的丰沛，我们已经逐渐脱离了宗族体系，许多家庭已经开始独立生存，但宗族时期的思想仍在延续，许多人仍在尽可能地使自身行为符合外界的评价体系。在社会中，一名成熟的个体通过自己对过往知识的掌握与经验的总结，通常会摸索出一条属于自己的处世之道，即使这条道路并非所谓的"快车道"，但仍是其在某一个阶段最为适合、舒适的处事方式。

但许多年轻人在踏入社会之前，便通过对他人的观察，早早地洞察了人事，谙于世故，以一种"成熟"的思想踏入社会，表现出出色的"社会适应性"与"环境适应性"。通常我们会对这类人群以"少年老成"进行评价，许多年轻人也对这种称呼坦然接受。但如果是一位具有足够智慧、拥有足够人生经验的人，对年轻人说出"少年老成"的评价时，必然会是充满怜悯的。

著名哲学家叔本华在《要么孤独，要么庸俗》中说道："对于一个年轻人来说，如果他很早就洞察人事、谙于世故，如果他很快就懂得如何与人接触、周旋，胸有成竹地步入社会，那么不论从理智还是道德的角度来考虑，这都是一个不好的迹象。"

"少年老成"的年轻人之所以表现出与他们年龄所不符的成熟，在于他们主动选择对社会评价的迎合。他们所表现出的成熟，来自对社会规则的理解与对成人行为方式的模仿，虽然他们表现出了理性的外在，但这种行为很难给他们带来真正的快乐，反而使他们与同龄人割离，内心深处的想法与生活中的苦乐很难找到倾诉的对象。

另外，对社会评价的迎合，并非来自他们的真正天性，而是通过改变自身行为去进行匹配，本质上仍是以"假面"示人，这或许会使他们获得一些赞美与认同，但这种具有"欺骗性"的行为最终会使他们失去自己，活成社会评价的"化身"。在不断变化的评价、要求之下，他们将逐渐失去目标，无法静下心来深入某一个领域，最终不免成为平庸的人。

我们曾经启动过一次管培生的培育计划，旨在通过这次计划，建立起对公司各项模块均有深度了解的后续人才梯队，以应对未来的人力风险。在众多招聘者中，我们挑选了最为出色的几名应聘者，其中一人给我留下很深的印象。

这名应聘者，在应聘环节中便表现出很强的环境适应能力，不存在许多应聘者通常会表现出的拘谨与窘迫。在开展实际工作后，则表现出很强的学习、上手能力，在各岗位轮转的过程中，对部门内容掌握很快，并且快速地建立起我们所希望的人际关系。在我们看来，这名员工是现有团队最好的替补人选，我们有意将其进行长期培养，使其成为公司决策层未来的新生力量。

但将其安排在一个具体岗位之中，他却没有带来任何亮眼的变化，在掌握了基础的工作能力后，其能力也并没有任何精进。我们尝试性地进行了一系列的激励行为后（包括物质上的激励），他并没有任何变化，最终我们无奈之下，只能放弃对其的培养，他也很快选择了离职。

在离职前，我特意和他进行了一次谈话。在他看来，企业虽然在有意地培养他，但他并未从中感到任何的动力。在熟悉了企业的种种之后，虽然他有着很高的未来潜力，但他并未因此而感到兴奋，相反他却感到了痛苦。这种痛苦并非来自"成功恐惧"，而是随着工作的逐步深入，他逐步产生许多困惑，对自我价值的感知处于摇摆之中。

其实，在不同的社会文化环境、社会价值衡量标准下，个体选择了不同的行为方式，这种行为方式的不同，使个体在面对问题、面对选择时，会表现出不同的思考路径。

这里便不得不提到美国教育家、心理学家霍华德·加德纳提出的多元智力理论，他认为人类个体的认知是多元化的，由多种智力组成。在多元智力理论中，有一项被称为内省智力，指的是个体通过观察世界规律觉察自身内心，实现对自身的解读。

但集体利益与他人评价，经常会随着事物、环境的变化而产生相应的变化，从而表现出一种捉摸不定的形态。这使得"少年老成"者往往感到困惑，时而认为自己表现得足够好，时而又觉得自己表现得非常差，最终自我价值处于摇摆状态，从而失去内驱动力，变为最平庸的人。

其实，我们在注重集体利益与他人评价的时候，不妨稍微歇息一下，强调内省，不通过评价去评价自身。独立的人格从来不是对外界的迎合，而是将自己与群体短暂隔离，考虑自己到底是什么样子，想要什么东西，最终想要成为什么样的人。

后来我得知，这位员工离职后便没有再继续工作，而是成立了一家独立工作室，设计、生产木碗，许多人听说后只是摇摇头，表现出一副痛心疾首的样子，说这个孩子还是"废了"。

但在我看来，这个孩子终于"悟了"。

这个变化的世界

我们处于一个特殊的时代，在近代我们迎来了科技大爆炸，在几百年的时间中，我们的科技进步远超过去。每一次科技的爆发都会使整个世界产生巨变，过往的规则、技能与经验，很快便会变得不再适用。

斯宾塞·约翰逊说："唯一不变的是变化本身。"这种由科技所带来的变化，仍将持续地进行下去，并且随着科技水平的逐步提升，未来的每一次变化可能都会对世界产生更大的影响。

世界千变万化，我们得益于科技的发展，可以不费余力地快速接触、了解这个世界。随着4G、5G的逐渐兴起，网络传输带宽的不断增加，我们逐渐可以以更直观的方式接触外界信息。从前我们对外界的接触，来自综合性的门户网站，我们不得不从中筛选出我们所感兴趣的内容。但随着推荐算法的成熟，智能化推送已经可以将我们感兴趣的内容直接推送至我们眼前。短而快的反馈形式，使我们乐在其中无法自拔，我们许多人已经陷入信息茧房之中而未曾察觉。

我们在信息领域的消费习惯会被完整记录，我们每个人的喜好、习惯、行为、生活都会被推荐算法绘制为用户画像，根据我们的消费习惯精准地为我们推荐内容，我们的生活逐渐被我们所感兴趣的内容充斥，我们的观点、思想逐渐桎梏于蚕茧一般的茧房之中。我们逐渐接收不到相悖的信息，慢慢认为自己的观点便是社会中的主流，有着毫无意义的正确性、普适性。

世界在不断变化，而我们的思想却受困于茧房之中，我们即使感受到世界的变化，也会在群体极化中对变化持有抗拒态度。但世界的变化正如滚动的车轮，并不会由于个人的阻挠与抵抗便停下脚步。应对世界的变化，是未来每一个人需要考虑的问题。

现如今许多人仍在奉行终生岗位，认为自己凭借对一个岗位的精进，便可以在未来的世界中生存。但随着科学技术的飞跃，世界对职业的要求也在悄然改变，计算机凭借其突出的算力，必然会在未来世界中逐步取代大部分的工作岗位。而我们所受的教育，则是针对某一种岗位所设立的，在教育结束后，许多人则踏入了一条相同的职业道路，并在未来的人生中不断重复前人的生活。

不断变化的世界，将先从价值分配阶段得到呈现，终生职业制正在从"高价值"岗位消失。正如在价值分配中占据高比重的程序员团体，在中年时则会面临一次职业淘汰期，只有少数人可以继续保持高薪。高价值的脑力劳动将逐渐出现阶段性，而低价值的重复性劳动则会逐步被科技所替代，这对所有人都提出了挑战。

在不断变化的世界，如何确保自己的生活可以按照预想的轨迹运行？许多人表示需要提前做好规划。但受限于人类的认知局限性，我们并无法预测未来世界的种种巨变，长期的规划并不具备现实性，甚至在一次"黑天鹅"事件中，所有的规划都将荡然无存。

真正有助于应对世界变化的是底层思维，也就是具有可以快速掌握经济需求的能力。其外便是具有对自我内心洞察的能力，从而在巨变的世界中可以快速拥抱变化，而非一意孤行地抵抗。而这两种能力，都需要我们从科技世界中短暂脱离，在独处中找到洞见这个世界变化的根本能力。

这个世界中充满了欲望，我们许多时候在经济需求、他人评价中生活，不得不努力地做出迎合的姿态，然后尽可能地讨所有人喜欢，以祈求他人的认同，防止我们因无法融入而遭到孤立或是排挤。法国哲学家帕斯卡尔说："几乎我们所有的痛苦，都是来自我们不善于在房间里独处。"我们虽然每天在接触着巨量的信息，但我们的内心却是空荡的，我们不得不通过与外界的快速接触与高频次的回馈，来使我们的内心充满安全感。

许多人并没有独处的能力，不得不通过依附、盲从来获得价值感，我们只要孤身一人便会感到彻底的孤独感。我们并不具备未来世界所需要的人文能力，因为我们自身便是空挡的。如果我们可以穿梭于这个世界之中，时时审视自身，与灵魂对话，每时每刻感受到内心的充盈，无须依附、无须盲从，那么我们自然可以在孤独中获得独特的洞见。

我们常说的底层思维，实际上便是对这个世界的洞察，我们知道如何去学习，如何去掌握，如何去运用。我们看向世界时，对于世界中种种"偶像"的膜拜与学习，只会使我们掌握相应的表层技能，而这些表层技能，将随着世界的变化而不再适用。而独处，则可以培养我们的底层思维，当我们以自身独立的一面去看待我们屈从的一面时，则会找到我们行为背后真正的动机，找到我们所接受、反抗、热爱、厌恶的一切，找到背后最真实的想法出自何处。

我们需要在某些时候脱离狂欢的人群，在空荡的房间中抛弃社会所要求的坚强、成熟，甚至是理性，然后以自我的视角，审视我们的内心，找到我们的选择、话语、行为背后的原因。我们将世界所强加于我们的思想尽数抛弃，以一种近乎纯真的角度观察自身，才能找到属于自己的底层思维。

当我们在狂欢的人群中仍能近乎客观地审视我们自身，当我们既可以融入狂欢的人群，又可以在狂欢中以洞察的眼光看待一切，我们便学会了独处，我们便是一个独立的个体，而非世界的附属。

我们也就无须应对世界变化，因为世界变化所附加于我们的影响，本就在我们的掌控之中。

第 2 章

2

社会认知

升级认知视角

不要抱着学生思维步入社会

我们从懵懂无知的幼儿，到可以参与到社会价值分配中的成年人，中间有着一道桥梁，架起了我们的社会身份转型。这道桥梁便是我们的教育体系，通过受教育，我们掌握了参与到市场需求中所需的关键技能、知识与常识。不同的个体因受教育程度的不同，在步入社会时有着不同的起点。有着高等学历的个体，往往可以收获较高的起薪，并且可以通过首因效应，为企业领导留下更好的印象。

但这并不意味着高等学历的个体可以高枕无忧，也不意味着教育程度较低的个体永远无法实现赶超，因为社会中个体的行为模式、思考方式，在步入社会后需要进行相应的改进与优化。个体不得不撇弃曾经可能赖以生存的获得较高评价的行为与思想，因为社会的评价体系与象牙塔中并不完全相同。而谁能率先完成改进与优化，则可以率先实现领跑，在未来的社会价值交换中抢得先机。

现如今社会中有一个概念——学生思维，指的是由学生角色转化为社会角色时，没有及时地对自身思想、行为进行改进与优化，从而无法完全地适应社会，导致自身的才能无法正确发挥。

学生思维根据个体的性格不同而表现出不同的外在形式，但归根结底，学生思维最为底层的影响因素，便是其思维对知识、人生、世界认知以点状的形式进行，通过信息片段的形式对想法、知识、信息进行归类，相互之间并无连接，以零散孤立的形态存在。

我在帮助许多企业进行校招时，都会对面试官提出特殊要求，要求面试官在面试知识点时有意测试面试者的知识点的联系性。比如在招聘一名活动运营时，我们不仅要考察其对用户洞察的理解，同时还需要观察其在应答时是否考虑到了数据、产品方面的知识。如果一名活动运营只知晓活动的策划、执行流程，却不了解数据、用户、产品本身，那么显然他所策划的活动必然是灾难性的。

在求学时期，点状思维通过对零散知识的"死记硬背"，并不会凸显出任何负面的影响，反而在缺少知识点链接的情况下，有助于学生更好地解放脑力。我们凭借点状思维，可以以最低的消耗，记住大部分的知识，以在考试环节取得较好的成绩。

但步入社会后，这种点状思维则无法适应工作的要求，在工作中，我们更需要的是对知识的运用而不是记忆。而对知识运用，则需要将知识融会贯通，通过内证实践进行"内化"。这便需要我们从点状思维过渡为线性思维。

线性思维是逻辑思维的前提，只有当我们可以抓住事物的主次、因果、核心，才能使我们在对事物进行认知时具有逻辑性。而想要建立线性思维，跳出抽象、缺乏指向性的思维模式，则需要在日常的工作中习惯性地运用苏格拉底式对话。

苏格拉底式对话可以通过对谈的形式澄清彼此的观念与想法，而在我们的日常工作中，我们可以通过与自我的对话，使自己的思维以线性的形式展开，找到事物背后的逻辑，也就近乎"真理"。苏格拉底式对话的实践本质，是从多个角度观察事物之间的联系、因果、逻辑，通过多次提问，找到事物的本质。

这种对话的方式，可以使我们跳出原有的点状思维惯性，以一种以往未曾接触过的全新角度看待事物，这使我们在接触新的环境、工作时，更能以全面的角度对其进行理解，而不是通过过往经验、刻板印象来轻率地解释与概括。

苏格拉底式对话其实主要运用两种思维方法。一种是演绎法，也是由因推导出果，通过对因果之间关联性、关联强度的推导，使我们发现许多"常识"是具有蒙蔽性的，很多我们所接触的常识性因果逻辑关系本身并不具备强因果关系，大部分都是由滑坡谬误所导出的。

"只要好好学习便可以考上好的大学，从而找到理想的工作，度过幸福的一生。"

如果我们通过演绎法来看待这句话，则会发现其中不具备强因果关系，好好学习并不一定会考上好的大学，考上好的大学也并不一定找到理想的工作，找到理想的工作也无法确保自己可以度过幸福的一生。

另一种方式则是通过归纳法，借助事物所呈现出的结果，通过分析、对比、观察与提炼找到事物的本质。这种方法，往往需要有理性客观的出发角度与大量的数据支撑，才能得出真正的结论。通过这种思维方式，可以使我们免受许多幸存者偏差的影响，防止自己在众说纷纭的观点中误入歧途。

"班里学习最差的同学却拥有了最好的工作，说明学历并没有用。"

如果我们通过归纳法来看待这句话，显然其所述观点是一种幸存者偏差。首先，虽然学习最差的同学拥有了最好的工作，但这只是一个小范围内的特例，从大数据中，往往可以得到相反的结果。其次，以个例代表整体，显然陷入了不相干谬误之中。

许多人在步入社会后，往往会收获"学生思维"的评价，实际上这是领导一种侧面提醒的方式。点状思维并不适用于复杂的社会环境，我们在工作时的某个决定、某种策划，可能需要部门、用户、高层的配合与支持，而如果以点状思维进行思考，则会忽略与其他部门的沟通。

当然，线性思维并非思维的顶点，实际上，最为理想的思维模式，是将点状思维、线性思维、结构思维、系统思维并用，发挥各种思维模式的长处，从而实现超出常人的思维能力。

目的性应该隐藏，而非暴露

我们的人生需要一个目标，目标可以赋予我们生存的意义，没有目标的人生则是随波逐流，人云亦云。当我们为实现目标而努力时，则会获得足够的内驱动力，使我们充满干劲儿，甚至不知疲倦为何物。但我们并非孤立地生存于社会之中，我们所想要实现的目标，需要在与他人的交际过程中得到实现，而在这个过程中，许多人却犯下了错误。

许多人所设立的目标是充满功利性的，这并无不妥，毕竟我们有着趋利避害的生物本性，都希望尽可能地占有资源，确保自己未来可以抵御未知的风险。但过于功利性的目标，则会使我们在社会交互中的所作所为都是为目标所服务，在行为过程中充斥着功利主义。

我在某知名互联网公司任职时，手下新调任来一名经理。对于这名经理来说，他希望获得我的支持，由我为其授权，使他的工作得以更好地开展。通常在公司的同一业务模块之中共事，通过并肩协作时所展现出的能力、人品与思想，很容易建立起工作友谊。但这位经理有着强烈的目标性——强烈的升职欲望，而我的支持与否，则决定了他的工作业绩与晋升可能性。这位经理希望通过频繁的沟通，快速与我建立联系，因此经常在工作之余邀请我出游或是聚餐，碍于工作关系，我也不得不出席几次。

感情的建立需要多次的接触，而接触过程中的体验，则决定了双方关系能否进一步升级。与这位经理的出行，则让我感到非常不适。首先是其姿态过于放低，其次是出行过程中基本是以工作为主要谈话内容。不仅如此，在我们关系尚未建立之前，他便多次想要打探关于公司人事、战略方面的内容，这引起了我的不适。

我之所以感到不适，在于他想要获悉的内容超出了我们关系内可分享的界限，并且使我感到出行的目的充斥着交易感，他处处降低的姿态，更是让我感受到了道德、情感绑架。

我们的人生确实需要具有目的性，我们需要目标来促使我们前行，但目的性是私密的，只关乎自己，与其他任何人无关。甚至我们需要隐藏自己的目的性，我们的目标正如我们的底牌一般不能轻易示人，因为轻易示人往往会使他人洞悉我们的目的。即使是我们以善意示人，不含任何的功利心，也会使他人将我们的善意行为归纳到为了实现某种目的的"不怀好意"。

目的性太强、太过于暴露，则使我们很难与他人建立关系，因为过于强烈、暴露的目的性，会使我们在无意识中越过关系界限，凭借关系实现我们的目的，从而使他人感到威胁与不适。在初期的感情建立阶段，由于受文化模仿影响，我们更倾向于"君子之交淡如水"，而非是利益捆绑的功利关系，因此目的性太强的个体，往往无法建立起深度的关系。

这位经理在多次向我示好得到我冷漠的拒绝之后，则很快变得不再热情，甚至认为我"辜负"了他的付出，因此对我非常不满。目的性驱使着他"铤而走险"，越过我向分管的副总经理示好，并以同样的方式与副总经理进行接触。而副总经理面对他的猛烈示好，表现出相当的反感，甚至与我沟通，希望将其调离我们所处的业务线。

目的性太强，可以为我们提供所需的行为内在驱动力，不过一旦目标没有实现，这种驱动力则会转化为一种强烈的负面情绪。目的性正如一把双刃剑，如果一直保持着正面、积极、快速的回馈，那么目的性可以带来取之不竭的动力；相反，一旦目标受挫，也会形成强大的负面作用，使人陷入动力停滞之中。但谁又能保证自己的所有目标均可以快速实现？目的性太强的人，往往会在某一个时刻，陷入崩溃之中。

目的性太强与过度暴露所造成的恶果不仅于此，目的性太强所引起的功利心，会使我们聚焦于短期利益点，寻求局部最优解，从而失去探索更多场景的可能性，失去更好的选择。局部最优解或许可以使我们面临的问题得到解决，但沉浸于局部之中，很容易陷入局限之中，虽然解决了人生中一个个的小问题，却忽视了可以改变人生、扭转人生的全局最优可能。最终与无数人一样，每天忙忙碌碌，却最终碌碌无为。

我出于好心，特意邀请这位经理一聚，在聚餐时多次向其表示他的目的性过强，使人感到不安、不适、不满。但这位经理却并不愿意将自己的目的性隐藏，他表示自己一向如此，也凭此获得了一定的资源。我无法说服他。后来他很快便因为对调岗的不满而选择离职，在写这篇文章的时候我通过多方打探，却没有任何关于他的消息。

改变是一件痛苦的事，但改变是一件必须的事。我们需要控制、隐藏自己的目的，使自己的善意行为不充斥任何功利，从而在积极的人际接触中找到属于我们自己的机遇。但同时我们也并不需要屏蔽自己的目的，而是将目的升华，将目光放得更加长远。我们将人生目的中功利的部分剔除，找到那些有助于他人、有助于社会的目标，则可以不受一时的困局烦扰，不受一时的欲望侵袭。

那些我们抛弃的功利，最终也会在我们实现真正伟大目标前，自动聚拢在我们身边。

零和博弈从来不是主流

从学校踏入社会，许多人是懵懂且迷茫的，但在我们第一次面临认知与现实的冲突时，那些懵懂与迷茫都会褪去，取而代之的则是割裂。这种认知与现实的割裂，来自教育与社会的脱节。步入社会后，在这种对事物固有认知与现实冲突的情况下，每个人最终都需要进行一次选择：是顺应时代的潮流，从而获得社会评价层面上许多人的认可；还是秉承自身的道德观念，勇于与主流相悖，走出一条不同的道路来，并从这条道路中汲取养分。

这对所有人来说都是在人生过程中必须进行的抉择，虽然这种抉择会随着场景的不同而表现出不同的倾向性，但每个人选择所呈现的人生轨迹，都呈现着最终的决策倾向。

对时代潮流的追逐，对利益的欲望，则会产生零和博弈的场景，毕竟不同组织、集体中的资源是有限的，对有限资源的竞争必然会导致非合作博弈的出现，最终使处于合作中的双方有一方利益受损。在近代的资源分配过程中，社会达尔文主义被许多人所信奉，其信奉者认为，脱胎于生物的人类社会，也存在优胜劣汰、适者生存的现象，只有强者可以获得生存的权利，弱者本应遭受灭亡的命运。因此在对利益追逐的过程中，零和博弈所造成另一方的利益、情感损失，则是理所当然的物竞天择，并无须背负情感、道德上的愧疚。

不可否认，社会中的零和博弈现象并不少见，甚至从全球角度来看，每逢生产力水平发展停滞时，这种零和博弈情况则更加剧烈与多发，人类不得不通过一些激化的手段释放生产力，产生增长空间，但最终却又会随着生产力水平发展的停滞而再次循环。

如果我们将生存的意义依托于为自身谋取利益，而不顾他人的利益受损，则意味着任何与我们产生合作关系的个体，都将在这段关系中产生损失。这显然是反社会性的，我们人类以群居分工来获得生存能力，稳定的社会关系是我们分工的基础与前提，而只关注于自身利益的零和博弈，这种充满攻击性的合作方式，在获取到短暂的利益后，显然会使我们被集体、组织、群体所抛弃。

零和博弈是对有限资源的竞争，在某些场景下担任着局部最优解的角色，在我们与同事竞争同一工作岗位时，很多人会认为只有将竞争对手淘汰，才能使自己的利益最大化。但着重于局部最优解，则会失去获得全局最优解的机会。

两家饮料巨头公司，双方的疆域版图多有冲突，两者有着相似的消费群体，在早期双方的竞争中受限于当时的时代环境，双方均是竭尽全力地互相攻击，其中一家饮料公司的高层甚至提出了"进攻，进攻，再进攻，给对手毫不留情的打击"的竞争口号。双方均希望尽可能地将对方的市场蚕食，从而让自己在饮料市场"一家独大"。

但随着时代的发展，新的营销、产品理念随之兴起，双方逐渐放弃竞争对方市场的策略，而是各自利用产品实现"咖位"的同时，尽可能聚焦于自身的优势领域，形成不同的企业文化，从而使市场整体份额得到增长。现如今我们虽然还可以看到两家饮料巨头之间的"调侃"，但双方"调侃"的背后有着一条默契的共识，那便是双方通过合作互动，实现对更多群体的产品信息触达。

现如今许多人在面临资源竞争时，会选择以零和博弈的形式展开。因此我们看到在岗位竞争时，处于竞争的双方会选择以降低薪资与福利待遇的形式加大筹码；或者是不断抹黑对手，从而使对方的形象下降。但我们不难发现，处于竞争中的双方，无论是谁最终得到晋升，其薪资、福利、形象，都有所受损，看似在竞争中胜出，但实际上也属于零和博弈中的利益受损方。

我们之所以感到资源竞争是以零和博弈展开，并非这种竞争方式是最有效、最合理的，而是这种方式是最简单、最轻松的，并不需要过多的脑力运作。但当我们到达一定的思维层次后，则可以意识到社会中真正被主流认可的并非零和博弈，而是正和博弈。

正和博弈也就是合作博弈，指在与其他群体、组织、个体进行竞争时，处于合作关系中的双方通过对资源的整合，以实现自身所属群体的利益最大化。这与我们人类个体的社会性相契合，个体追求利益最大化的方式之一，则是建立群体的利益最大化，从而在平均分配的原则中，使自己的利益得到延伸。

在企业招聘时，零和博弈的员工通过自降薪资来获取入职机会；而正和博弈则是通过与其他员工的联合，来迫使企业提供更多岗位或是更好的薪资待遇。这两种不同的方式，导致了两种不同的结果：一种是企业在员工竞争的过程中榨取了剩余价值；另一种是员工通过联合使资源扩大。

很多时候，对零和博弈的追捧与宣扬，在于许多人将自身的失败归咎于他人的道德崩坏之中，认为自身失败在于有着较高的道德底线，这显然是一种向外归因的逃避行为。零和博弈从来不是社会的主流，零和博弈也无法使人拥有确定性的收益，反而会使双方的利益同时损失。

在认知与现实的冲突中，或许我们也可以向外归因进行逃避，也可以投身于社会达尔文主义，贯彻零和博弈的行为方式。但这都不是我们的最优解，当我们认同合作所带来的资源扩大化，才能安然度过人生关键的选择之一。

过剩的防备心无助成长

我们每个人都对社会有着不同的认知，过往的生活、教育、家庭环境，塑造出独特的我们。对社会的认知不同与成长环境的不同，也使得我们在社会中的行为模式表现出生物应有的多样性。在步入社会后，有的人表现出积极的环境适应性，主动地接触、理解、融入社会环境之中；有的人却表现出消极的环境适应性，主动地抵抗、拒绝、孤立于社会。

人类个体在社会中生存，需要多种多样的思想、能力准备，但有一种能力却是生存于这世间所有个体必须具备的，那便是互相帮助的能力。互相帮助是人与人之间交往的必备行为，也是集体得以稳固、延续的关键行为。不论是艾略特·阿伦森，还是列夫·托尔斯泰，都认为人与人之间的互相帮助有助于关系的建立，更有助于关系的延续。因此，列夫·托尔斯泰在书中写道："我们并不因人们给我们的恩惠而喜爱他们，而是因我们给予了他们恩惠。"

这并不难以理解，请求他人的帮助与回应他人的请求，本质上是一种延迟互惠行为，可以有效强化双方对对方品性的信任，从而使关系得到进一步的升华。但在社会中，却并非所有人都掌握请求他人帮助或是回应他人请求的能力，许多人受限于多种心理因素，不敢请求他人的帮助，而是以一种防备的心态步入社会、与他人接触，认定"他人即地狱"，从而拒绝与他人的互助行为。

我还是一名经理的时候，在一家大型的连锁企业带过一名高材生，985高校毕业，进入公司后，许多人都对他抱有很高的期待。但他在进入公司后有些过于谨小慎微，在人际交往的过程中表现得过于冷淡。我有意地让团队中性格开朗的同事与其主动接触，但他却总是表现出拒绝的姿态，与其他人显得格格不入。

但这并不是什么很难以接受的事情，毕竟对于团队来说，需要尊重个体多样性，尽可能地不对个人生活边界进行打扰，因此我并没有责怪他。后来在一项很关键的数据分析过程中，其所设立的数据锚点与我所制定的完全不同，起先我很开心地认为，这是他在岗位上产生了一定心得所进行的实验性操作。

但具体了解后，我才发现他之所以设置了不同的数据锚点，在于他忘记了我们所沟通的内容，却又没有向我再次询问。我很担忧是自己表现得过于严肃，从而导致他产生了一定的恐惧心理。但实际上，即使是与同事的沟通中，一些对其他同事来说是举手之劳的事情，他也没有向其他同事求助过。甚至在某一天的工作中，我看到他在自己操刀进行平面设计，而他几个小时的设计成果，对组内的设计师来说，可能仅需几分钟便可以完成。

他选择了一种回避的姿态步入社会，而使他选择回避姿态的原因，我却感到非常好奇。因此我特意在项目的间隙期，在咖啡馆与他进行了一次谈话，对于他不敢求助的问题，他只是挠挠头，扯出一个很尴尬的笑脸，告诉我："我不想欠别人人情。"

这个原因我并不惊讶，全球知名的影响力研究权威罗伯特·B.西奥迪尼在《影响力》一书中，提出了一个重要的对等原则——互惠原则。我们接受帮助后，在道德、共识的催化下会产生相应的亏欠感，亏欠感有助于我们获得偿还的动力，使我们得以建立交际过程中的信任。但同样，亏欠感也会使我们产生紧迫、强烈的偿还欲望。

亏欠感是带来偿还动力还是偿还欲望，取决于我们是否认同这种互惠原则，如果我们以强烈的防备心来看待人际关系，那么则很难认同互惠原则的存在，原因在于我们认定他人别有用心时，则很容易怀疑对方是否会利用这种亏欠感，迫使我们在未来放弃自身更多的利益，进行不平等的互惠交换。

许多具备过高防备心的个体，都有着恐惧型依恋模式的特质，其在人际关系中表现出高焦虑与高回避的特点。正如这名员工一般，其并非不愿意请求帮助，而是恐惧于别人帮助自己后的要挟。其渴望依恋（与他人建立关系），却又担忧依恋的分离（未来的要挟），从而变得患得患失，在合理化防御机制的作用下，表现出一种回避、拒绝的行为方式。

这种回避、拒绝的方式，虽然可以对自身的心理认知提供保护，但并无助于人生的成长。毕竟这种回避、拒绝的方式无法使我们建立深度的人际关系，自然也就无法使我们与他人进行深度的交流。同时在企业中，工作的分工协作方式也决定了我们必须与其他人建立一定的关系，从而才能确保自身的工作得以顺利推行。

由恐惧型依恋模式所导致的过高防备心，多是来自童年时期的家庭关爱缺失导致的强迫性重复。而想要走出这种依恋模式，则需要与原生家庭和解。这里所谓的和解，并非与原生家庭达成人际上的和解。毕竟原生家庭中的个体并不会随着我们思想的成熟而改变自己的伤害行为，但好在和解只与自我有关，而非与他人有关。

所谓的与原生家庭和解，则是承认自己无法改变原生家庭中的他人，并接受他们曾经的伤害行为，不再努力想要去掌控、改变过去。而一旦认识到这点，便可以放下那些强迫性重复带来的痛苦情景再体验。

雪堆博弈：懂得合作，才能成功

我们在社会中生存，需要在许多事物上与他人进行合作，通过帮助或是资源的互换，补齐对方短板，从而实现双方利益的最大化。两个人在合作时，会产生对资源的利益权衡，通常来说，我们会出于理性角度来考虑合作的过程与利益的最终分配。在这个过程中，双方在拥有绝对理性的前提下，选择、实施自身的行为策略，并从中获取到各自的利益。根据社会中的多种合作博弈场景，学者也提出了许多的博弈模型。

对于刚刚步入社会的人来说，如果过早地接触到"囚徒困境""双寡头削价竞争""古诺模型"等，则很容易误入歧途，认为博弈的根本目的则是实现自身的利益最大化。实际上，博弈是两个绝对理性的个体在群体理性中找到平衡点的过程，平衡有助于双方暂时抛弃一小部分的利益，从而谋取双方利益的最大化，正如"雪堆博弈"模型一般。

"雪堆博弈"是一种对称博弈模型，双方在博弈过程中，不会因扮演的角色不同产生不同收益，而是依赖于角色的选择决定收益。假设在一个风雪交加的夜晚，两人开车相向而来，但均被雪堆挡住去路，无法通行。此时两人则进入博弈之中，如果双方选择一起铲除雪堆，则双方会在最短的时间内恢复通行，实现双方利益的最大化；如果双方均选择不去铲除雪堆，则双方利益最大化受损，并且会随着时间的推移不断增加沉没成本；如果在这种博弈状态中，只是一方选择铲除雪堆，另一方无动于衷，也会使主动的一方选择退缩。

在社会环境之中，有许多场景都是以雪堆博弈所展开的。在同一个团队之中，员工面对问题时，是选择通力合作解决问题，还是选择视而不见，决定了部门整体的利益是否得以最大化。而部门利益的最大化，则决定了部门内员工的可分配资源数量。但在社会中，许多时候我们即使面对雪堆博弈，却并没有以一种合作的形式进行展开。

在社会心理学中，有一种行为模式被称为利社会行为，指的是个体出于主动自愿的心态，为他人带去利益，即使是在个体本身无法获得任何利益的基础上。这种利社会行为不难理解，从人类进化角度来看，在生产力水平不高、物资匮乏的时代，个体往往匮乏风险抵抗能力，一次疾病或是作物歉收，都会导致个体陷入非常严重的生存危机之中。个体如果选择离群索居，则很难抵抗野兽、疾病、饥饿的威胁。最终在自然进化选择中，留下的多为倾向合作，而非拒绝合作的个体。但随着社会物资的日益丰裕，这种利社会行为正在被撼动。

原因在于，在博弈过程中，双方的劳动产出很难形成可量化的指标，在社会惰性效应的作用下，每一个参与到博弈过程中的个体，都无法避免对自身劳动产出扩大化，而对他人劳动产出缩小化。同时在一个庞大的社会组织中，个体的产出无法被清晰识别，从而许多人利用体系有限的信息收集能力所产生的漏洞，产生"搭便车"的想法，在减轻自己劳动产出的情况下，积极地享受着劳动成果，这对组织内的所有成员造成了负面的影响。如果我们从抽象人伦角度出发，这种"搭便车"行为很容易出现在各个组织之中，毕竟趋乐避苦、自爱自保，是人类的天性之一。在哈定看来，最好的合作方式是"彼此监督、互相认同"，但"搭便车"行为在影响着群体的工作效率与积极性的同时，也使群体陷入相互的猜疑之中。

不过在现如今的社会环境中，我们已经逐渐可以看到许多通过雪堆博弈获得成功的例子，许多职业经理人、企业高管，都在某些场景之中，选择了通力合作使利益最大化，许多企业也在多方影响下握手言和，选择通力合作以扩大整体市场，减少行业中的"内耗"行为。

对于我们个体来说，"搭便车"行为的负外部性，导致我们产生了额外成本，我们却没有获得相应的利益补偿，在这种情况下，似乎"搭便车"才是最好的行为方式。但这种消极的思想，无助于我们克服现实困难，也无益于我们的个人成长。正如面对雪堆时，双方选择了视而不见一般，这种僵持状态增加了我们的时间成本，也增加了我们的机会成本，而这些最终都成为沉没成本，无法挽回。

社会中的竞争日益加剧，我们不得不迫使自己快速解决问题、总结经验、获得成长，才能在不可逆的社会生产力提升情况下，维持、提升我们的生活质量。因此，最为合理的方式便是在面对雪堆博弈时，聚焦于问题的解决，而不是双方的劳动。在问题得到解决后，再通过第三方评价者的引入，使"搭便车"的获利者受到大于收益的惩罚，才能消除这种现象。

随着社会整体认知水平的提升，在行业巨头的积极影响下，信息收集变得更为高效，这促使我们的社会未来必然是一个更加适合合作者生存的社会。在这之前，我们需要理性地看待合作，积极地展开合作，而非在感性的影响下，选择自暴自弃地模仿。

互惠利他：利益的延迟满足

是眼界决定了地位，还是地位决定了眼界，又或是两者互相成就，我们很难给以定论。但眼界确实影响着我们的行为方式，也使我们在社会的价值交换过程中表现出了不同的行为倾向。而正是这些不同，使我们每个人在社会中获取到了不同的价值。

眼界有深度与广度之分，深度可以使我们发现事物背后运作的规律，体会万物共生过程中背后的逻辑；而广度，则可以使我们将更多事物进行联系，从而跨越时间长河，得以拥有更为长远的考虑。思维的深度与广度的具备，自然是一件好事，但对于深度来说，往往需要我们拥有一定地位，并且参与到一些非正式制度的制定时，才能得以具备。而眼界的广度，则可以通过对信息的收集、整理与分析，对事物发展规律的总结与提炼所得到。如果说思维的深度是身居高位所必备的能力，那么眼界的广度，则是我们通向高位所需的阶梯。

眼界是否具有广度，有一个最为常用的评判标准，则是观察一个人是否可以接受延迟满足。如果一个人愿意为了更长远的目标，而放弃即时的满足感，表现出自我控制能力，则可以认定其眼界具有一定的广度。延迟满足是我们生存在社会中，完成各项任务、处理各种问题、进行各种交际的必要条件，却是许多人所不具备的能力。

《三国演义》中有一句话："干大事而惜身，见小利而忘义。"这本是曹操对袁绍的评价，但实际上也适用于社会中许多人。之所以出现这种行为模式，在于其无法接受延迟满足，对于短暂、快速可获得的微小利益无法拒绝。而眼界的广度不足，使他们无法见到未来更为长远的收益，从而放弃对远期利益的追逐。后来袁绍拘田丰于狱中，关沮授于军营，驱许攸于阵前，最终自毁长城。

在商品经济时代，我们需要使用自己所生产的劳动产品与他人所生产的不同产物进行交换，我们每个人实际上都具备商品属性，在市场经济的作用下，我们是否具有价值，则取决于他人的评价与判断。近几年逐渐兴起的"自我营销"，便是顺应时代的产物，而在商品经济时代，则需要我们恪守信用经济，通过信用，我们与他人建立关系，并使我们赢得普遍的尊重与应得的利益。

在这种环境之下，我们能获取多少利益，则取决于我们的眼界广度是否足够开阔，是否能通过自我控制能力对自身欲望采取延迟满足的行为模式。商品经济的信用经济体系，决定了我们每个人获取利益的多少，取决于受众对我们的价值评价，这便意味着我们不得不在"利己"之前，先表现出"利他"行为，从而建立双方的信用经济体系，双方在这种共同的行为模式下，得以实现更大的利益增值。

世界著名实业家稻盛和夫曾表示："利己则生，利他则久。"个体的生物性使我们尽可能多地、不知疲倦地占据社会资源，从而使我们获得足够的安全感；但在社会环境之中，在信用经济体系之下，这种行为虽然短期可以带来一定的利益，却是一种透支未来的行为。

现如今许多"网红店"，通过对自身卖点的提炼，以一种高获客成本的模式，维持自身的现金流。但其本身却不具备一家"备受关注"店铺所需的服务、环境、食品安全水平。在短期内凭借好奇的"打卡"人群，它确实可以获得足够的现金流维持运转，但随着体验人群的不断差评，它不得不付出更高的获客成本维持现金流的运转，但获客成本最终会高到无力支付，从而在餐饮市场昙花一现。这本质上便是一种为了短期利益而透支未来的行为，虽然它可以"改头换面"重新开张，但用户将逐渐对"网红店"产生"抗性"，从而使"网红店"失去生存土壤。

"利他"是为了更好地"利己"，通过对利益的延迟满足，从而使双方的总体利益得到增长，这在现如今的社会中并不少见。许多巨头公司的战略布局，其背后操作者的思维广度，已经在表现出"利他"行为。而其最终的结局，则实现了双方利益的最大化。

　　眼界的广度，决定了我们能否发现更为长远的利益，而这则决定了我们是否愿意接受利益的延迟满足。在相同的工作、机遇之中，具备眼界广度的个体能获取到更大的利益，并在这个过程中获得更有价值的评价。

　　我们的时间、精力、脑力都是一种稀缺资源，而我们能否运用这有限的资源实现最大化的利益获取，则决定着我们的一生将会如何度过。而对长远利益与短期利益的不同选择、是否具备利益的延迟满足能力，则决定着我们的未来。

挫折导致的不作为惯性

步入社会，意味着什么？对许多人来说，可能意味着自己终于长大成人，意味着自己有了对命运的选择权，意味着未来的路需要自己走下去。但这些都是美好的，而步入社会，却并非一件十全十美的事情，很多时候，我们不得不面临层出不穷的问题与亦步亦趋的挫折。在我们实现目标的过程中，挫折将一直如影随形。

我们每个人都会遭遇挫折，小到错过一件商品的优惠，大到失去晋升的机会，挫折会使我们陷入失望、痛苦、沮丧的负面情绪之中。但好在我们都有恢复能力，人生大部分的挫折并不会伴随我们一生，虽然挫折暂时地阻碍了目标，但在未来我们有着无数次改正的机会，只要我们整理心情，重新出发即可。

但并非所有的被挫折所阻碍的目标，未来都有着实现的可能，在某些情境下，我们可能随着时间、机会的逝去而永远无法实现某个目标。在这种挫折情境下，我们会认识到目标的永久不可实现性，从而产生相应的挫折反应，表现出焦虑、痛苦、悔恨等负面情绪，而这些负面情绪，并不会随着我们设立新的目标或是接受现实而轻易消失。

或许这些挫折所带来的持续性负面情绪，可以成为我们未来道路中的警示，就像海明威所说的那样："懊悔自己的过错而不至于重犯。"但实际上，更多时候我们却是不断地懊恼，同时却不愿意再次尝试来自目标的挑战，只为了逃避可能产生的挫折反应。于是我们懊恼、逃避，却又在不断重复挫折。

有一部分人认为，面临挫折后产生的逃避行为与不断重复的负面情绪，是由习得性无助所导致的。1967 年心理学家塞利格曼通过对动物的研究，提出因重复失败而造成的无能为力状态，描述了个体因多次受挫，从而习得性对现实产生了无力感。而出于习得性无助的影响，使我们不再认为自己有能力挑战目标、面临挫折，因此只能选择不断逃避，从而导致了更为严重的习得性无助表现。

没有实现目标而导致的挫折，使我们产生懊恼、悔恨的情绪，但许多时候我们选择的逃避行为，却并非由习得性无助所致。习得性无助所产生的自我认知评价降低，并不会使我们在面对挫折时产生懊恼与悔恨的情绪。我们之所以会产生懊恼，是因为我们认为自己可以实现目标却没有实现目标。如果我们事先便知道自己无法实现目标，那么对自己的行为选择并不会产生懊恼与悔恨。

东野圭吾在书中说："人们知道肥皂泡内有空气，但由于眼睛看不到，就常常会忘记它的存在，这样一来我们生命中的许多东西，便被忽略了。"我们的主观意识无法参与到我们所有的行为与思想之中，很多时候我们是凭借一种"信息内加工"的形式，将那些我们习以为常、见怪不怪的思维"自动化加工"，这使得我们在主观意识未参与的情况下，"自动化"地对场景、事物做出了反应。

我们之所以在懊恼与悔恨的情绪下，仍然会以一种逃避的行为应对未来的挫折，实际上正是因为我们的惯性思维，这种惯性思维被称作"不作为惯性"。"不作为惯性"并非来自长久的"不作为"，而是我们曾经在"作为"时，希望实现的目标对我们的吸引力过于强大，导致我们在目标没有实现时产生了强烈的懊恼、悔恨情绪，从而使我们进入决策回避。为了防止自身重复体验曾经的创伤场景，我们理性地不去期望实现同一领域的目标。

我的一位朋友在某公司任职时，便遇到这样一件事：他手下的一位员工，希望通过企业内的活水计划，调任其他岗位。为了调任到他所期待的岗位，他在工作间隙一直学习相应的岗位知识，甚至和我这位朋友表示，调任新的岗位便是他的梦想。

朋友当然支持他的想法，但在内部应聘的过程中，他却由于表现失利，并未实现目标。可想而知，他有多么的懊恼与悔恨。朋友作为领导，自然是继续鼓励他追逐下一次机会，而他却无论如何也不愿再次尝试。即使是朋友为其安排好一切，虽然薪资上无法达到他的期望，但仍是目前为止最好的机会，但他仍选择了拒绝。

"不作为惯性"并不是一种广为人知的惯性思维，它通常被应用于广告传播学，旨在对销售策略、促销活动进行分析。但"不作为惯性"却解释了我们的一种决策倾向，在我们错失高级目标后（活水计划调岗），遇到次级目标（朋友的安排）则不会感受到收益，而是感受到损失（薪资差异、时间成本），虽然次级目标（朋友的安排）比我们的原始状态（没有调岗机会）更加美好，但此时我们执着于高级目标的损失，陷入了"不作为惯性"之中。但对于这位员工来说，即使是再次参加活水计划进行内部应聘，也面临着更多的时间成本。因此即使再次获得实现目标的机会，出于时间成本考虑，我们也会像那位员工一样，选择拒绝。

如果说"习得性无助"是没有能力实现目标，那么"不作为惯性"则是有能力却不愿尝试实现目标。而想要打破"不作为惯性"，则远比摆脱"习得性无助"简单得多，我们只需要在决策前问自己几个问题：

1. 这件事情我以前经历过或是错过了吗？（情景再体验）

2. 我现在的想法是否受到了以前经历的影响？（识别"不作为惯性"）

3. 我应该再次尝试吗？（主观介入利弊分析）

4. 我还有更好的选择吗？（强调客观环境）

5. 如果没有，我还能继续逃避吗？（理性决策）

思想上的超越要远胜物质

如果我们想要在社会中有所建树，那么则会使社会有着学校所无法比拟的压力。我们不得不随时保持自身思维的高速运转，从而探寻到环境中所存在的信息与机遇；我们不得不拼尽全力地劳动，从而在激烈的竞争中得以生存；从我们踏入社会的那一刻开始，社会中所存在的压力便背负在我们身上。

但我们为何要踏入社会？我们为何要选择劳动？许多人在踏入社会前，并没有思考这个关键性的问题，我们劳动的意义是什么？许多人或许会毫不犹豫地说关于金钱、关于物质，并从中得出关于人生意义、宿命目标的种种言论。但那不过是随着世俗社会分配规则下所得出的附加价值，它们当然可以使我们获得满足，但在短暂的满足过后，却是无尽的无意义感。而每个在社会中生存的个体，都将在某个时期铭心刻骨地体验这种无意义感。

不可否认，世俗社会分配规则下的附加价值，有着许多的信奉者与崇拜者，它可以为我们带来荣耀、赞美、羡慕，甚至它可以为我们提供在社会中行走的地位。但这些外在的附加价值，并不是永恒不变的，它需要我们不断地超越、追赶，才能堪堪触及。一件并非永恒的事物，却需要我们不断付出精力与时间，不断抛弃生活与家庭进行追赶，那么它必然是充满痛苦的。《沉思录》中写道："如果我们得到的东西是我们无法控制的，失望必接踵而至。"我们每次短暂的喜悦，都将会被无法控制的失望与恐惧所冲散。

我们为何会追逐世俗社会分配规则下的附加价值？我们生而自由，难道不应该自由地选择自己的人生道路，不受约束地生活在这个世界之中吗？诚然，我们生而自由，但在追求自由意志的过程中，我们不得不付出一定代价，以换取生存与实现目标的资本。

我们在没有进行劳动时，通常能感受到畅快与自由，在劳动过程中却会感到束缚与压抑。我们并非自愿地劳动，而是不得不接受追求自由意识所需的"代价"。但劳动本应是快乐的，因为劳动本身便是我们本质属性的表达。但我们却逐渐在劳动的过程中被"异化"。我们为了追求自由意识接受了劳动，本来作为客体存在的劳动却成为主体，自由意志开始被我们抛在一边，我们的劳动目的成为获取金钱。

列夫·托尔斯泰说："人类被赋予了一种工作，那就是精神的成长。"但现如今很多人所追逐的却是金钱的增长。为何会产生这种改变？这并非出自舆论导向，而是随着社会生产力提高，商品呈现出多种针对人心所设立的属性，并以金钱作为交换标准。在这种情况下，稀缺的商品对所有人都具有强大的吸引力，而想要换取到这些商品，则需要金钱的参与。每个人都希望获得稀缺的商品，以展示其独特性与社会价值。

现如今，支撑我们忍受痛苦进行劳动的动力，在于我们对稀缺商品与社会评价的追求，而曾经长久远大的目标、对自由意志的追求则被我们所深深掩埋。我们由此在社会中负重前行、步履艰辛且充满痛苦。

我很认同叔本华所说的："一个具有思想天赋的人在个人生活之外，还过着另一种思想上的生活，后者逐渐成为他的唯一目标，而前者只是作为实现自己目标的一种手段而已。"我们的人生需要一个远大、非凡的计划，这个计划将打破现状的束缚，将我们的意识向各个方面扩散，从而使我们过上一种思想上的生活，正如大圣哲帕坦伽利那样。

我们如何找到那些远大、非凡的计划，如何使我们"去功利化"，获得思想上的生活？只需要我们不再"异化"，不再依靠社会评价与认同而规划人生道路。社会的认同与评价、社会的价值衡量准绳，成为钢铁枷锁，使无数人依照相同的道路前行，人们拼尽全力地去契合评价、契合认同，却最终成为平庸的人。

远大、非凡的计划，并不需要与金钱、评价所联系，我们需要"去功利化"地找到那些使我们真正能感受到劳动快乐的事物。

有没有一件事物，可以使我们废寝忘食地不断钻研与深入，时常忘却时间的存在？有没有一件事物，可以使我们在无人关注、认同的情况下，甘之若饴地不断尝试与体验？有没有一件事物，即使是长时间接触我们也不会感到厌烦？这件事物，便是能让我们感到劳动快乐的工作。

我们不必担忧这件事物是否会获得认同、赞美与利益，因为我们有着庞大的人口与快速的网络传播渠道。我们只需要在这项工作中不断地精进、深入、创造，最终当我们登上顶峰时，所有的世俗利益都将为我们而来，即使那时的我们并不需要这些。

许多人一生都没有"高峰体验"，从未体会到那来自精神充实的高度兴奋及充实感，没有体会过那短暂的豁达与极乐，没有感受到超越自我、时空、一切的完美体验。原因在于他们没有真切的目标，又何谈实现后的"高峰体验"呢？所以他们并不相信所谓的精神世界，却错过这世间最美妙的时刻。

第 3 章
▼

3

职场认知

步入高速公路

沉没成本：职场的制胜法则

对职场新人来说，职场这两个字伴随着新奇、疑惑、恐惧、期待，每个人都将步入职场，也都将在此消耗几十年的时光。这是将要伴随我们半生的场合，我们未来的每一天，都将有至少三分之一的时间在此度过，我们所期望的、获得的、失去的，都将与职场息息相关。

我们要如何步入职场，我们要做好何种准备，才能让自己万无一失，从而在入场的那一刻起，便开始不断超越？这个问题有很多种答案，却并没有一个统一的答案，我们甚至不知道这世间是否存在着所谓的万全准备。好在我们本就不需要追求所谓的万全准备，我们只需要认清一件事，即可帮我们适应职场，并使我们具有不断超越、领先的可能。

职场有着许多的要求，我们需要知道人际相处的规则，理会企业运转的方式，掌握岗位所需的技能，甚至我们还需要了解人与人之间的"非正式规则"，这都需要我们不断地思考、体验，甚至是碰壁才能融会贯通。对于刚刚踏入社会的我们来说，不论是工作本身还是复杂的人际关系，都复杂到我们一时无法掌握。

而那些吸引着我们，使我们产生期待的利益、职位、赞美与崇拜，则需要我们不仅掌握复杂的工作与人际关系，还需要在职场中拥有远超他人的处事方法。既然我们无法做好万全准备，又无法对职场的一切快速掌握，那么我们到底应该如何面对职场，并踏入职场？

我们每个人都将在职场中多年，这似乎意味着我们在职场中有着足够的时间去调整自己的行为与思想。但职场到处充斥着马太效应的场景，我们的自身价值需要与年龄进行匹配，这意味着我们在不同的年龄阶段需要有着不同的能力。如果我们选择了荒废时间，那么很容易导致年龄与能力的不匹配，使我们丧失在职场的竞争力；同样，如果我们在刚刚踏入职场时便获得领先性优势，那么在未来的很长一段时间中，我们就可以轻松地保持这种优势。

想要在踏入职场时保持领先，则需要我们保持对沉没成本的关注，从而使我们的决策与行为趋于理性。沉没成本指的是那些我们已经付出并无法挽回的成本，它存在于我们人生的各个场景，影响着我们的决策与行为过程。在职场中，沉没成本不仅在对我们自身进行影响，也在影响着他人，对沉没成本的合理运用，则可以使我们的理性思维在得到锻炼的情况下，获得更好的"资源"积累。

我曾经遇到过一个年轻人，他有着强烈的讨好型人格，公司里的同事都喜欢与他接近，并寻求他的帮助。作为企业的管理者，我需要对团队内的成员负责，因此出于员工个人成长的角度，我有意地帮助他拒绝一些"低价值"的帮助请求，防止他被烦琐、重复、机械的工作所淹没，失去自身的成长性。

"是我哪里做得不好吗？为什么你不让我帮助别的同事呢？"有一天这位员工很困惑地找到我，表述了自己的想法与担忧。对于一名具有讨好型人格的员工来说，我的这种阻拦显然会让他感到困惑，他或许会担忧于自身对他人的帮助是否出现了问题，担忧这是出于我对其能力的不信任。

我很温和地告诉他不要多想，这只是出于对他的职业发展考虑，他似懂非懂地回到工位。他仍是主动、热切地帮助其他同事，但很快他便遇到了烦恼，因为他对同事工作的帮助逐渐成为他的一项日常工作，他不得不消耗很长的时间去处理繁杂琐碎的工作，而自己的工作却常常无法完成。

这名员工在与同事互动时，并没有考虑沉没成本的影响，对他人的帮助，虽然会获得短暂的感谢，但本质上这种帮助是一种单方的投入，将随着同事逐渐的"理所当然"而揭露出其背后残酷的一面。这名员工投入了太多的精力、时间甚至是感情，却是一种沉没成本。

有一次，我在办公室看到他与另一位同事的冲突，便是来自他对同事帮助请求的拒绝，同事勃然大怒，怒斥以前看错了他。

我并没有介入这起冲突，因为我知道这名员工必然会主动地道歉，而这种痛苦有助于他的成长。

步入职场，我们最需要的是什么？需要的是对成本的控制，我们需要清楚地知道，精力、时间与机会都是有着成本的。精力、时间、机会是有限的稀缺资源，只有我们将这些稀缺资源合理地运用，才能获得应有的价值，从而实现我们的目标。

我们要对所有占用我们精力、时间、机会的事物进行成本的核算，从而尽可能最大化地利用它们。当我们开始计算沉没成本时，我们在职场的生活往往会开始产生变化。当我们再次遇到挑战性的工作，便知道要尽可能尝试多种方式，并找出最优的解决方式；当我们再参与到社交场合，便会开始考虑社交给我们带来的价值，是否高于我们的成本，从而远离无效的社交；当我们面临机会时产生恐惧或是逃避的心理，我们便开始考虑机会成本，从而重新获得挑战的动力。

当我们对自身的沉没成本有了清晰的了解，便可以运用沉没成本为我们增加资源。同事帮助我们时的举手之劳，对同事来说便是一种沉没成本，可以增进我们的感情；领导对我们的指点或是栽培，也是一种沉没成本，可以使我们形成"向上管理"，与领导建立关系；企业对我们的鼓励与外训，都是企业的沉没成本，有助于我们获得企业的更多关注与扶持。

每个人都厌恶损失，每个组织也都厌恶损失，当我们面临无法挽回的成本时，往往会投入更多的成本试图挽回。通过对沉没成本的考虑与"计较"，可以使我们免受损失厌恶的困扰，也可以通过合理的运用，获得更多的社会资源。

那名受损失厌恶影响的员工，为了挽回自己的沉没成本，不得不向"无礼"的同事道歉，他痛苦且悔恨，却又拼尽全力地想要挽回。我不得不对他进行帮助，在会议中明确地强调了他的工作职责。我并没有去看他感激的目光，因为我更期待他未来的表现。

首因效应：建立专业的形象

　　我们大脑的容量并不是无限的，我们不可能在面临巨量信息的同时，完整地复原记忆中的味觉、触觉、听觉、视觉等信息。因此，我们往往会轻率地对他人进行定义，这虽然有助于我们节省复杂思考消耗的精力，但同时也很容易使我们陷入先入为主的认知方式之中。

　　正如我们孩童时期所听过的那个"疑人偷斧"的故事一般，如果我们轻率地对他人进行定义，那么我们的大脑在回忆时，则会出现记忆重建偏差，这源自我们无法精准地构建以往与他人的互动场景，从而根据自身的倾向虚构出了一部分场景。我们会不由自主地寻找对方行为中符合我们认知的属性，正如哈佛大学的著名教授丹尼尔·夏克特所说的那般："我们的记忆许多时候并不可靠，它不能使我们记住每个细节，许多之前从未发生的事情，也会成为我们的记忆。"

　　这种轻率定义所产生的记忆重建偏差，通常来自我们与他人第一次交往时所产生的印象，在心理学中这被称为"首因效应"。虽然我们对他人的第一印象不一定是正确的，却必然是最为鲜明、牢固的，我们的大脑会以第一次交往的场景作为我们未来记忆回溯的情景基础。

对于一名职场人士来说，首因效应可能会影响领导对我们的工作评价与期许、同事对我们的看法与态度。而首因效应所导致的评价、期许、看法、态度，往往是非常强烈并无法轻易消除的。除了之前我们说到的原因之外，还有一个关键因素，便是首因效应脱胎于交往过程中他人对我们的理性判断，是他人在首次交往过程中，对我们的形象、思想、行为综合考虑后所得出的第一印象。由于这并非出于感性的匆忙定义，而是储存于脑中的理性判断，因此即使是时间使这段场景变得模糊，也不会使他人对我们的判断倾向产生变化。

与我同届的一位朋友，毕业后我们虽然去到不同的企业，但一直保持着联系，我们互通资源的同时，也互相解答工作中的困惑。几年前，他受邀前往一家外资企业，负责新开拓的重点项目。凭借其优秀的文凭与漂亮的履历，显然在更大的舞台上，他可以绽放出更加耀眼的光芒。

作为一名职场"老将"，他的能力自然是无可挑剔，职级上直接向CEO汇报，对于公司来说，是将其作为副总或是未来的CEO梯队进行培养的。但在项目刚刚开展时，由于他家庭上的变故，决策上出现了失误，导致企业损失了一部分用户。从那以后，CEO则会经常提醒他："这次小心点，不要出错。"

虽然他及时地向 CEO 说明了情况，也在未来的工作中更加努力地表现，使整个项目平稳落地，超出了 CEO、董事会的期望，但这句"这次小心点，不要出错"却一直伴随着他，而随着项目进入稳定期，朋友却逐渐被边缘化，最终不得不选择辞职。

朋友虽然极力地确保自己的工作不要出错，但实际上在项目的运行期间，还是犯下了一些其他的微小错误。在职场中，面对纷杂、繁忙的工作，并没有人可以如圣贤一般不犯任何错误，但 CEO 由于受首因效应的影响，对我这位朋友进行了"工作能力不稳定"的定义，在后续的工作开展过程中，便主要聚焦于朋友的能力稳定性，而没有去观察、思考朋友的整体能力。

同时，朋友的高学历、经验丰富的履历、待遇丰厚的薪资，实际上也在无形中提高了 CEO 对朋友的期许。CEO 对朋友赋予了重任，从积极角度来说，这使得朋友有了未来晋升的机会。但同时，这种重任却并不是理性的，可能其中有着常人所无法达到的标准，那么这种重任，则成为朋友晋升道路上的绊脚石。

首因效应会使我们陷入职场危机之中，但所幸的是，这世间的许多事物都具备两面性，我们完全可以通过合理运用首因效应，建立符合我们自身利益的最为鲜明、牢固的印象，从而为我们在职场的奋斗起到关键性的辅助作用。

对于一名职场人来说，最需要表现出的特质便是专业，专业可以使领导将那些具有更高挑战难度的工作、具有更多曝光概率的工作交给我们，而这些工作，则是我们获得晋升的关键。完成这种具有挑战性的工作，既帮助企业解决了难题，也可以使企业内部对我们的评价有效提升。

一方面，我们需要运用"权威性"来对他人进行暗示，而所谓的"权威性"，则是大众对于相似领域专业人士的普遍印象。比如我们提起程序员，便会想起格子衫、机械键盘、升降显示器，这虽然是一种刻板印象，但不可否认的是，越是符合这些刻板印象的个体，越容易让对方产生"专业"的认知。同样，在4A广告公司，有着所谓的4A腔，虽然在许多人看来有些过于"矫揉造作"，却也会使他人产生"专业"的印象。

另一方面，我们对自身的优质特质，需要通过群体链状效应进行传播，最终形成"回音室"，使我们的个人优质特质不断放大，即使是我们做出了相悖的行为，也会被他人选择性忽略。如果我们的特质是善于沟通，那么在与其他同事沟通的过程中，则需要不断地强化这种观点，以一种开玩笑的语气无意中表示"我也就剩下嘴皮子厉害了"，从而在不激起他人感觉阈限的情况下影响到他人的潜意识，形成对我们有利的局势。

新人步入职场的前几个月，往往就决定了以后是否会获得升职的机会。许多新人因为知识的盲点，而无意中触发了领导的首因效应，使领导对我们留下了负面的印象。

"首因"，决定了我们能在一个集体中得到什么。

身兼数职：代表你的低价值

随着社会生产力的提升，现如今我们有着琳琅满目的商品，这些商品所附带的功能性、社会性价值，使我们有了更加舒适生活的同时，也使我们有了更多来自物质上的欲望。而想要满足这些物质欲望，对许多人来说，仅仅依凭本职工作是很难实现的，因此许多人选择了在本职工作之外谋取一份兼职，从而更好地满足自身对物质生活的需要。甚至社会中有一种观点认为，副业是每一个职场人的"刚需"，无论如何，职场人都需要找到一份副业。

这种观点认为，副业不仅可以缓解我们资金上的压力，也可以成为主业的一种替代品，在主业遭遇危机时，使我们具有安然度过的能力。其实在过去，许多职业经理人、高管本身也是身兼数职，这似乎也在暗示着副业的必要性。但副业真的百利而无一害，并且"老少皆宜"吗？真实情况是，除了极少部分通过副业实现目标的个体之外，大部分人正在被副业所渐渐摧毁。

我们从事社会中的任何劳动，都需要意志力的支撑，意志力帮助我们确定目标，并根据目标来支配、调节自己的行为，为我们克服困难提供动力，从而实现目标。许多人认为意志力是一种无限消耗的资源，可以凭借我们的个人思想对其进行补充。但实际上，意志力的恢复与体能、心理、社会评价均有关系，我们需要通过睡眠来恢复，通过良好的心态来保持，通过收获社会的正面评价来补充。

有一档节目是《穷富翁大作战》，邀请到了某富豪体验底层百姓的生活。当得知自己将要体验的职业是清洁工时，他很乐观地表示："我始终信奉自由市场淘汰了很多弱者。只要你有斗志，弱者亦可以变强者。"

第二天的清晨，富豪便开始了清洁工的工作，忙碌一上午所赚取的薪资，尚不足以吃一顿"体面"的午餐，他不得不将大量的精力消耗在午餐的选择之上，他需要在琳琅满目的商品中找到自己所能负担的。

9个小时的工作结束后，富豪回到自己的住所，幸运的是他不必像其他的同事那样，为了负担自己的生活，不得不再打一份工。田北辰的这次体验，并没有像开头所说的那样，只要有斗志便可以变为强者。在节目结束后，他不再提起奋斗改变命运的语句，只是很悲叹地表示："我每天努力工作，只是为了吃一顿好的。"

兼职对高管与职业经理人来说，并不是一件非常辛苦的事情，出于他们的能力，他们并不需要耗费过多的意志力，便可以在一个精英团队的协作下做出共识性的决策，为企业提供巨大的价值。但对于千千万万的普通人来说，兼职却往往是低价值的，正如勤工俭学的学生、下班摆摊的职场人一样，他们所从事的兼职，本质上是一种重复、枯燥性的劳动，即使可以在这个过程中获得一些技能，也往往无法具有本职工作的潜力与价值。

许多人喜欢在结束一天的工作后，开启自己的副业生涯，这意味着他们往往需要忙碌到近乎凌晨。这显然会严重地影响到他们的睡眠，也就导致他们失去了一个重要的意志力恢复渠道。另外，由于许多人所从事的兼职是低价值的，自然就无法频繁获得积极的评价，甚至许多人对自己的兼职工作本就抱有"无意义"的定位，由此意志力更加得不到应有的恢复。

我们常说"自我感动"，低价值兼职是很容易使人产生自我感动的行为，很多人每天盘算着自己的工作时长，认定自己有着远超他人的努力，便心安理得地认为自己必然会获得成功。但殊不知错误的方法，只会通往错误的结局。意志力无法恢复，将影响到我们在主业的工作表现，因此低价值兼职显然是一种得不偿失的行为。

那么，什么样的兼职有助于人生发展，可以使我们步入"快车道"呢？只需要满足两个基本点，一是对我们的主业具有促进作用，二是对我们的意志力恢复具有积极作用。

曾经我在一家养老院遇到了一位志愿者王某洁，他的本职工作是一名业务员，他在每周休息时，雷打不动地去养老院做半天的志愿者。由于没有专业技能的支撑，他的工作便是单纯地陪那些尚未失智的老人聊聊天、说说话。他所销售的产品的目标群体本就是老年人，但他却从未在养老院进行过任何的销售行为。

在他看来，与老年人毫无功利性的交谈，有助于探寻长者内心真实的想法，有助于他在销售产品时对用户的心理洞察。虽然养老院每周会给他50元的补贴，但通常都被他用来给老人买水果、零食使用。在他看来，这50元的补贴，远不如与老年人沟通带给他的价值。

对于王某洁来说，他的志愿者副业对主业起到了巨大的促进作用，同时来自老人、机构管理者的正面评价，也使得他每次都会收获满足感，从而使他有了更多的意志力，投入到主业的工作之中。这便契合了对主业的促进作用与对意志力恢复的积极作用，因此王某洁在这家养老院整整担任了7年的志愿者。

人生有种种诱惑与选择，职场人可以选择安于内心，不去对外物进行追逐，也可以选择尽可能地获取物质的满足。但许多职场人却并没有意识到一件事，他们忙于赚钱，却忘记了应该"赚更多的钱"。因此他们受限于低价值的兼职，却在无形中失去了获取更多金钱的机会。

无人赏识：你没给别人机会

有人说职场是沉闷、无趣的晦暗之处，人与人之间毫无信任可言，只有无休止的倾轧。但我相信即使是对这种论点再为坚定的人，也会期待着有一束光的降临，引领他在无趣的晦暗之处前行。每个人都期待着在企业中会有一名领导担任这个角色，通过帮助、引导与提携，使我们在沉闷之中找到快乐之处，但很多时候，领导确实向我们抛出了"橄榄枝"，可我们却由于种种原因而无法感知。

写到这里，我不禁回想起在职场中"混迹"的这些年头，有时愚昧、有时迟钝，但幸运的是，我在关键的时间、场景之中，抓住了领导所抛出的"橄榄枝"，从而实现了许多梦想与目标。领导的提携是一种过程，我们可能都在经历或是失去这种机会，这或许有些难以理解，但相信通过这篇我个人的经历，我们都将有所收获。

我们离梦想的一切，不管是金钱、地位还是权势，都不曾遥远，我们得到这一切或是失去这一切，取决于人生仅仅几秒钟的选择。我们的第一天性是"迷"，在我们拥有健全的世界观之前，我们都是懵懂与迷茫的，不知道自己为何要存活在这个世界上，又要走向何种结局。学子步入职场，仍在第一天性的影响下，表现出一副懵懂却安逸的样子。

但这种"迷"带来的不仅是懵懂与迷茫，它还预示着我们如一幅尚未作画的画卷一般充满一切可能。在我初入职场时，每天默默地进行着简单、枯燥的工作，甚至自己在庞大的企业中不过如一粒渺小的尘埃一般，无法激起任何涟漪，更无法提出任何要求。我们很难说这种状态是好是坏，但这确确实实给我带来更多的机会。

许多初入职场的新人，往往会抱着改变一切的想法，试图在企业中施展自己的抱负。在他看来，他是变革者，他与他在学校所掌握的一切，将给企业带来意想不到的变化。但这种思想所导出的行为，则很容易失去领导青睐的机会。原因在于，所谓的变革者不过是处于达克效应中所述的愚昧之巅，受限于眼界、经验所形成的骄傲，不过是一种膨胀而已。另外，在这种"变革"思想的影响下，许多人在不适当的时间、场景下，提出了要求、意见与想法，这使得许多人在不自觉间触犯到企业其他群体的利益，而这其中则很有可能包括自己的直系领导。最后，这种思想也会使人表现出较强的侵略性，从而让领导产生威胁感，由于提携过程并非一定是愉快的，因此领导则会考虑一旦发生冲突后，是否会影响到自身的形象与工作。

经过不断观察与总结，我发现想要获得领导的青睐，有着三个关键的先决条件。

清晰定位：能理性客观地对自身能力进行认知，在交流过程中表现出虚心接受的特质，思想较为开放，可以接受相左的意见。

中立守序：与企业中的各个利益集体无明显关联，对企业的规则、制度持有认同、理解态度。

威胁感低：较少的情绪爆发时刻，表现出温和、理性的交际态度，对利益的得失不过于看重。

当我们在企业中满足这三个关键的先决条件，领导很快便会向我们抛来"橄榄枝"，但这并不意味着我们便获得了领导的提携。领导的提携是过程，不是结果，当我们接下领导抛来的"橄榄枝"时，并不意味着我们便可以实现想要的种种，因为最为痛苦的环节即将到来。

职场中成熟的领导，往往有着相同的处世哲学，许多领导都不愿将自己的目的说得过于清楚，很少会有领导说出那句"我会提携你"，即使这样可以使我们更清晰地感受到他的目的，但领导却从不肯这样。原因在于职场中人与人的信任建立，是一个漫长并充满曲折的过程，对掌握有更多责任，被更多双目光所注视的领导来说，谨慎是他们的天性。模糊的表述，则是他们的筛选手段，在未来即使发现我们并非最合适的人选，他们在选择放弃时，也可以说出那句："你理解有误。"

几年前，我所在的一家企业由于对业务模块不满意，总经理王总亲自挂帅全权负责整顿，但固有业务模块内部派系纷杂、内斗严重，总经理也难免面临无人可用的问题。那时王总时常找到我，不断向我提问一些我并未接触过，甚至可以说是毫不了解的工作内容。王总的每次到来，都伴随着紧迫、急促的语句，他快速地向我提问："你怎么看？为什么？"而我则只能不断以猜测的形式回答问题。

在多年后，我在一家公司任行政副总时，则理解了他的想法，这种不断、快速的提问，实际上并不意味着他需要答案，他不过是判断我所回答的问题，是否与他的思维、观点一致，这将影响着未来合作的畅快度与项目的稳定性。同时，这也是一种测试的方式，王总的多次、大跨度的提问，本质上也在考量我的技能提升速度，测试我是否能理会他的利益点。

那时我不得不不断地学习相应的岗位知识以应对提问，并且深入地考虑王总所面临的现状与未来，从而探寻到利益点，并在未来的回答中进行契合。最后我不得不隐藏那些相悖的想法，防止在关系并不紧密的状态下暴露出隐藏的矛盾。所幸的是我最终通过了测验，但这种痛苦却并没有结束。

一个好的领导，并不是不断地向我们输送利益，而是不断地激励、磨炼并引导我们，提携是一个过程，在这个过程中我们虽然会一直感受到痛苦，但也会时刻感受到快速、正确的能力提升，这或许便是所谓的"痛并快乐着"。王总时常会说"我要把你带出来"，这在我看来，是一种为了防止我过于骄傲所进行的敲打。

但在几年后的一次年会上，王总很高兴地表示："你是我近些年来带过最好的人。"对于时常遭受敲打的我来说，这显然是一种巨大的激励。但在年会之上，我们并不想过多地深入工作，也并不希望表现出更为深厚的友情，因此我们便适可而止地一饮而尽。

几天后，王总找到我，以年轻人应该考虑未来作为开头，为我介绍了一家有着更为广阔舞台的企业，我以更高的职位与远超现有的薪资入职。那一刻我才知道，一个领导的提携到底是什么。

领导的提携是过程，而结果则是其主动地放手，为你谋取更好的发展。

面对竞争：做好自己就够了

在踏入社会前，我们的生活、交际圈正如"物以类聚，人以群分"所形容的那样，只会与身份、性格、喜好相近的人产生接触。相似的成绩使我们进入相同的学校，相似的性格与爱好，使我们互相之间选择了建立友谊。这些相似的特质，使我们在交流、玩耍时不会产生压力。

但在步入社会后，企业中却往往有着各式各样身份、性格、喜好的个体，遗憾的是，我们并无法像曾经那样主动地选择与谁结交，与谁相处。完成工作需要人际关系的维持，我们不得不与和我们工作相连的个体缔造友谊。而在这个过程中，我们常常会感受到来自同事的压力。

当我们进入社会这个大舞台时，与我们一同起舞的人，与我们年纪相仿、地位相同，但他们可能往往表现得更为出色，有着更好的社会适应性。在工作上的密切接触、思想的碰撞过程中，我们探寻到对方的思维深度与过往的成就，则很容易在比较的过程中产生自惭形秽的感受。

这种来自同事的压力，在初期可以为我们产生积极的影响，我们可以凭借不断地比较获得动力，促使我们更加主动地进行学习、思考。但这并不意味着我们便可以超越对方，很多时候我们不仅没有超越对方，甚至产生了更大的差距，这时压力便不再提供积极的动力，而是成为一种继时性叠加压力，不仅摧毁我们的竞争动力，还使我们陷入自我怀疑之中。

我曾经经历过一次企业改革，对部门负责人进行了一次"大换血"，四名员工获得了晋升。其中两人在同一时间进入企业，两人有着相似的表现，但相互之间由于部门相隔，并没有产生过多的联系。将两人升职后，他们分别负责两个部门，这两个部门同属一个运营框架之下，我便是他们的直接汇报人。

这两人曾经都是各自部门的明星，如今成为部门负责人后，更是表现出积极卖力的样子，不断地想要获得更好的业绩，以得到我的认可。年纪、成绩、职位相似的他们，很快便意识到了对方的存在，两人不曾居于人后的经历，使他们自然而然地开始了比拼模式。

对我来说，两人互相比拼所迸发出的积极性，显然会提升两个部门的业绩，从而使我在董事会获得更多的话语权。但我也深知，两者比拼必然会对部门、对他们自己产生许多负面的作用。很快，在不到四个月的时间中，一方败下阵来，近两个月的消沉，导致的是年中总结时糟糕的成绩，他最终以一种纠结、羞愧的表情向我表达着他的无力。

　　我们在社会中生存，有两种最为原始的威胁使我们产生不断向上的动力，分别是生存威胁与资源威胁。通俗来讲，便是我们时刻想要在确保自身生存条件的基础上，尽可能获得更好的生活条件。正如阿兰·德波顿在《身份的焦虑》一书中写的那样："我们每个人都渴望成功，希望获得足够的财富与尊重。"

　　之所以会出现这两种原始威胁，实际上并不难以理解，物种强烈的基因延续欲望，要求我们必须获得基础的生存条件，最为直观的表现便是赖以生存的财富。当我们拥有了基础的财富，则如马斯洛需求层次理论中所述的一般，我们便开始希望满足自身对情感、社会的需求，这两种需求促使我们尽可能地获取更多资源，以获得情感的额外支出与社会的尊重。当我们不再担忧于生存与资源威胁，则会使我们产生任何生物所迫切需要的"安全感"。

　　但可惜的是，我们从来无法获得"安全感"，只能体验"安全感"，因为"安全感"会随着我们的过度期望而消失。当我们与优秀同侪竞争时，我们的本意并非为了提升自己的技能与学识，而是通过与他人进行社会比较，使我们得以确认自己是否处于领先状态，是否具有足够的竞争力。领先状态与竞争力决定了我们未来是否仍能体验"安全感"，而一旦我们在这个比较的过程中受挫，则会担忧于未来的生存、资源威胁，从而产生强大的同侪压力，甚至出现如莎士比亚所说的"绿眼恶魔"一般的嫉妒心。

　　虽然他纠结、羞愧地向我表达了他能力上的不足与对业绩的亏欠，但我并没有怪罪于他。虽然他在比较、竞争中失利，但那并不是因为他能力不足，而是他进行了错误的比较。企业之所以选择对他进行晋升，原因在于他有着独特的人格魅力，可以使员工不由自主地亲近、听从、学习。但他却和对方比较着单纯的销售业务能力，要知道他所管理的部门，并不是一个前台部门，并不需要突出的销售业务能力。

心理学家特瑟在自我评价维护模型中提到，当父母根据自己的喜好选择相同的评价标准时，在此评价标准下兄弟姐妹中能力较低的一方，很容易遭到较高的自尊心挑战。在这件事中，归咎于我的介入时间较晚，并且由于企业的导向，我过度地拔高了销售业务的重要性，从而使他不得不以销售业务作为与他人的比较方式。

但在职场中，企业所需要的从来不是具有相同特质、能力的人，而是通过对不同特质、能力的个体进行整合，通过通力协作获得更好的工作效率。在后续的工作中，我有意地多次提起领导力的重要性，使他从不正当的社会比较中挣脱出来，现如今两人已是非常不错的朋友，也没有再出现来自同侪的压力。

我们每个人都有不同的特质，重要的是我们的特质是否符合企业，是否具有价值。这世界上没有完人，我们不可能处处超越、领先他人，我们也无须处处超越、领先他人。

碎片阅读：决定职场的未来

"快"，是许多人的追求，我们想要快速地揭开谜底，快速地获取知识，快速地实现欲望。这并不是一件坏事，因为社会的竞争与变化在加速，我们不得不一反常态，通过"快"来跟随时代的变化。但"快"也并不是一件好事，在商品经济时代，当社会中的大部分人都有着"快"的需求，那么对应满足需求的商品，也就出现了。

商品只服务于需求，它的诞生不曾考虑影响的好坏，唯一能使它产生变化的，只有针对需求的不断自我优化与自我美化。在大众追求"快"的同时，为了满足这种需求的商品经过多次的测试，终于得以孕育。这次它以碎片化阅读的形式出现。

碎片化阅读，指的是在短而不连续的时间内进行知识摄取的一种方式，一经推出，便受到社会的热烈追捧。它正如餐厅一般，将食品（知识）进行处理后，以一种适口、轻松、快速的方式，供给人们享用，人们只需轻轻地咬下一口，舌尖、口腔、肠胃与大脑，则可以感受到知识的美妙，并沉浸在所谓"成长"的快乐之中。

对于繁忙的职场人来说，每天辛勤繁忙的工作已经基本榨干其所有精力，但社会中所充斥的焦虑，却仍在催促他们继续学习。这是一件多么痛苦的事，他们既不想"浪费"时间与精力进行阅读，更不想被社会所抛下，落得凄惨的下场。于是一部分话题领袖们，一边贩卖着焦虑，一边提供着简单适口的"知识"，令人沉浸在虚假的"成长"之中。但即使是再简单适口的"知识"，毕竟是一个需要脑力参与的过程，于是为了让"知识"更加适口，便在其中添加了娱乐类的"休息"过程。但娱乐出现的频率逐渐盖过知识，当我们再回想时，却记不起我们到底是为了获取知识，还是为了获取娱乐了。

碎片化阅读，对知识进行化繁为简的处理，使其降低认知成本，可以在几分钟、十几分钟内，使我们通读朝代兴衰，了解世界格局，甚至是人类的起源与发展。这在十几年前是完全不现实、不可能的事情。但碎片化的知识摄取，本质上是将复杂的事物简单化，将事物发展背后的因果、规律、联系统统隐去，只告诉我们表面的结果，我们虽然知道了事物的结果与表象，却不知道其背后的暗潮涌动。

思维有广度与深度之分，碎片化的知识摄取可以提升我们的思维广度，快速、简单的摄取方式可以使我们快速地了解一件事物，思维缺乏广度，则很容易使我们坐井观天，失去对外界其他事物的了解，必然会钻入思维的"牛角尖"之中，无知而不自知，这也是古人说"读万卷书，行万里路"的原因。

碎片化的知识摄取，虽然提升了我们的思维广度，却对我们的思维深度造成很大的负面影响。简单、快速的摄取方式，使我们无须多做思考，一切的答案与结果便会呈现在我们面前。我们无须经历痛苦的阅读与持续的坚持，便可以享受到知识所带来的自我提升感，这导致我们逐渐失去了深度思考的能力。我们虽然了解许多事物，也可以在许多领域侃侃而谈，但那不过是拾人牙慧的模仿，并非出自我们自身的思维。

面试官通常会针对不同知识点设立不同的问题，以验证求职者自身的能力和与企业之间的契合程度。在去年猎头向我们推荐了一名总监，说其不仅能力突出，对许多相关领域也均有涉猎并且造诣颇高。我们很希望这种人才加入企业之中，于是为其安排了一次面试。

面试过程中，这名总监确实如猎头所说的那样，对许多面试题都对答如流，但我们却总是觉得有些不对劲，他所说的回答都过于正确，正确到有些"不正常"，在聊到用户、员工、产品在认知与沟通之间所产生的问题时，他使用了服务质量差距模型进行解释。我和面试官们对视一眼，问道："还有其他的想法吗？""还有其他的可能吗？"他却哑口无言。

他的认知与思维，来自网络中的碎片化信息，他可以对许多问题对答如流，但他所有回答的内容都仅限于网络中流传的理解，而非自身思维所导出，甚至许多想法与方式正是我们的面试官所撰写后发布到网络上的。他可以对马斯洛需求层次理论侃侃而谈，但他永远悟不到马斯洛需求层次的个体更替性，因为网络中没有；他可以大谈特谈所谓的双因素理论，但他却永远无法将其与自己的企业匹配，因为网络中没有。

思维的广度与深度同样重要，只具备广度而不具备深度，则会成为网络的"传声筒"，知识便不再是为了提升思考能力的储备，而且用于炫耀的工具。我们并非要舍弃碎片化阅读的方式，而是将其定义为补充阅读的手段，而非是知识的唯一获取渠道。所有让人得以成长的东西，往往是令人痛苦的，因为趋利避害、使自己活得安逸与舒适是人类的本性之一。

成长虽然是痛苦的，却是痛苦的好事，每一次阅读时的沉浸，每一滴坚守时的汗水与每一盏夜晚亮起的灯，都是我们人生的阶梯，也都不会被辜负。

升职加薪：需要的是力量感

虽然每一个人都生而自由，但在追寻自由意志的过程中，我们不免需要通过参与社会分工来获得基本的生存权利。而在社会分工中的位置不同，也带来了每个人的生存条件差异。

社会通过基础教育，使得我们在年少时便开始为参与社会分工储备力量，每个人的受教育程度不同，也就意味着不同的人生起点。

如果我们以教育程度来判定一个人未来的成就，那必然是不合理的。我们可以看到社会中受教育程度低的人，也有早早步入管理岗位的；而受教育程度高的人，却可能在很长一段时间中原地踏步。更为重要的是，即使两个人的受教育程度一样，在步入社会踏入职场之后，也可能出现不同的发展速度。

显然，一个人在职场中的发展速度，也就是升职加薪的时间，并非由学历所决定，那么职场中决定升职加薪的关键要素到底是什么？对于这个问题，不同的人会根据自身的认知或是经历给出不同的答案。有人会说，职场的晋升所依靠的是一个人的能力、眼界；也有人会说，职场晋升所依靠的是人际关系、圆滑程度。

不管是什么样的答案，背后必然有着相应的经历支撑，但不管是能力论还是人际论，虽然有一定的道理，但必须根据企业的环境、制度与个人的现状来进行针对性的调整。也就是说，能力论或是人际论，本身都不具备普世的指导性，很多时候依照两者的方法在企业中行事，最终的结果便是东施效颦罢了。

其实，许多人之所以在一个岗位中蹉跎多年，原地踏步，并非由于其不够努力，而是他在一个错误的环境中，选择了一种错误的行为策略。比如，在一个初创企业中期望依靠人际关系升职，在一个成熟企业中期望依靠能力升职，虽然也并非没有希望，但就概率而言，这都不是最好的行为策略。

那么，在企业中想要获得升职加薪，想要在起点落后的情况下进步追赶，就需要弄清企业晋升环节中的底层逻辑，并从这种底层逻辑中推导出真正适合自己的行事方式。无论是能力论或是人际论，都是一种固化的行为模式，缺乏对现有环境的感知与对行为策略的调整，无论是秉承哪一种方向，都无法使人游刃有余地在企业中行事。

企业的存在意义是通过一群人的合力，减少个体在市场交易中的交易成本，提高个体在市场交易中的收益。从定义上来看，职场虽然强调分工协作，但本质上它存在的意义，仍然是谋取利润、交换利益。

当一个组织涉及利益的交换时，不免会出现利益分配环节。显而易见的是，如果企业将利润以普惠的形式平均分配给每一位员工，那么最终的结果便是每一位员工都会想尽办法偷懒。因此企业需要一种利益分配的方式与制度，从而使企业中的工作人员可以在利益分配的机制下，迸发出更高的工作效率。

同时，通过有效的利益分配制度，也可以使那些具有更强能力的个体发挥出更高的价值，谋取更高的回报，从而使企业获得更多的利益总量，并具有长久的市场竞争力。

但我们在现实中会发现，企业实际上的利益分配选择并非如此理性，相反，许多时候利益分配是遵循老板个人的喜好。当然，有些时候利益分配的不合理性，在于每个人都在顾及自身的利益，并坚定地认为自己才是为公司出力最多的那个人。不过，从现如今的职场现状、风气来看，职场利益分配离理性、合理、公平之间，仍然需要时间的填充。

在非理性、不合理、不公平的职场利益分配模式下，一个人仅仅通过能力、交际，确实无法为自己争取到更多的利益。一位能力强的员工，其上级领导出于自身、部门角度考虑，并不愿意让其晋升，毕竟晋升之后，部门里少了一位得力干将，身边少了左膀右臂。同样，希望通过交际晋升本身也并非易事，毕竟交际本身便建立在两个人利益交换的基础上，而晋升之后这种利益交换有很大的可能性要面临停止，对于上级来说是一件有损自身利益的决定，更何况，想要通过交际晋升的人，对能力上的打磨往往不足，上级也不免会担忧其根本没有能力胜任更高的岗位。

那么在这种非理性、不公平的职场利益分配制度之下，决定一个人能否晋升的因素并没有一种严格的规则来进行约束，也就意味着没有一种普适性的晋升评判标准。在这种情况下，决定一个人能否晋升的关键因素，便是一个人是否具有力量参与到利益分配的竞争之中。

我们都知道，在初创企业中工作，往往有着充足的晋升机会，许多人认为这是因为企业中尚未形成稳固的利益格局，所以人们才有更多的可能参与到利益分配之中。这种观点并没有什么错误，但这种观点忽略了一个底层因素，那便是之所以没有形成利益格局，并非由于初创企业中人与人的关系不够稳固或是较高的流动性所带来的。

初创公司中之所以没有形成稳固的利益格局，在于企业正处于高速发展阶段，利益的总量不断增长，可以随时带来新的利益。对于个体来说，在公司进行内耗的成本高于开拓市场的成本时，个体更愿意选择后者。

并且，对于企业的老板来说，其深知内部利益格局的形成会导致企业发展增速的降低，因此老板在这个阶段，会更加重视企业内部的扁平化管理。但待到企业进入平稳期、成熟期后，企业与个人都已经很难继续开拓市场，或者说对外开拓市场的成本要高于内耗的成本，于是企业开始通过形成利益格局来确保稳定性，个体通过内耗来争取更多的利益。

随着互联网行业时代使命的结束，如今大部分人都无法进入一个具有科学管理能力的初创企业之中，这也就意味着许多人不得不去面对企业不公平、不合理的分配制度。在这种情况下，个体想要晋升所能依靠的并不只是能力与人际关系，最为关键的是个体需要去思考如何能在企业中获得更多的力量。

每逢利益分配格局的固化，往往会以战争的形式进行重新分配，而分配的结果自然也是依照力量进行分配。在企业中何尝不是如此，一个人只有在具备力量的情况下，才有可能获得升职加薪的机会。

在企业中，什么叫作力量？我认为可以由简至难分为三层。

第一层力量，是出自我们个体的力量，也就是我们自身的能力、自身的经验，甚至可以说是我们的情绪表达。

这其实很好理解，如果有两位候选人，他们有着相近的能力，相似的经验，但其中一个人对岗位志在必得，你知道如果不晋升他，他明天就可能离职。而另一位候选人，虽然也对晋升有兴趣，但即使是无法晋升，他也愿意等待下一次机会。这时你会晋升谁？在现实中最终获得晋升的，往往是前者。

能力是我们晋升的基础，没有人会晋升一位无法完成工作的员工；人际也是基础，没有人希望晋升一位与自己唱反调的员工。但真正决定晋升的，仍然是他让外人所感受到的力量感。相似的能力可以通过人际关系来获得更高的力量感，而如果是全面性的相似，没有表现出明显的优势，那么所能依靠的则往往是自己所表现出的情绪。

第一层力量，适用于基层到基层管理者的环节，而到了中层，这些力量就已经成为竞争者的标配。想要获得更高的职位，需要获取第二层力量。

第二层力量，可以简单地囊括为下属的支持、工作的成果、高层的信任。

在这一层中，能力、经验与人际关系已经无法表现出明显的优势，想要迈入更高的管理层，则需要在下属、工作、高层三个方向中，选择最适合自己性格的一条道路。

下属的支持，可以将整个部门与自身捆绑，从而合力参与到利益分配的竞争中。工作的成果，则是完成在企业中具有较高曝光率的成果，在企业全体管理者心中留下印象，从而使决定晋升的关键人物投鼠忌器。高层的信任，则是获得企业分管高层的认可与信任，从而向更高层施压，以实现晋升。

通常来说，具备这一层力量的人，往往可以升职到企业的中层，参与到企业利益分配格局之中。对于大多数人来说，可能一生也便是停留在这层之中。因为第三层的力量，具有一定的稀缺性，并非所有人都可以通过努力来获取。

第三层力量，需要极大程度地增进企业利益，与公司未来发展目标所需能力具有高度重叠性。

相较于第一层、第二层，第三层的利益分配格局由于涉及企业高管，流动性更低，也就往往更为固化，并且对于企业老板来说，由于岗位中涉及许多资源，也就需要进行更多的考虑。

在这个层级之中，需要个体有极高的大局观，拥有对企业现有存量进行优化的能力，或者是自身的能力与企业未来发展方向高度契合。

随着时代发展，许多企业成立了新媒体部门，这对企业中原先具有新媒体经验的中层来说，相当于打开了一道通向高层的大门。

对于个体来说，力量感可以增进晋升机会，而这种力量感在他人看来，可以理解为一种威胁感。这种威胁感并非指人身上的威胁，而是让他人感受到，如果不将晋升机会交给你，那么或是企业要蒙受损失，或是决策者自己要蒙受损失。

我们要清楚，在企业中，晋升并非对过往的嘉奖，而是对一个人未来的期望。

第 4 章

4

谬误认知

消除错误认知

因果倒置：将结果作为原因

出于人类的趋同性，我们在对世界的认知方式上有着一定的相似之处，我们喜欢将事物进行简单的抽象，从而形成许多思维模型，通过模型来实现"信息内加工"，以便我们更好地了解这个世界。我们有着各种思维模型，有些易于掌握，有些难以获取，但无论何种思维模型，都很容易在不知不觉间，由于认知的偏差步入谬误之中。

因果关系作为一种最为大众化的模型，许多人习惯性地使用它来对自身的遭遇进行解释。或许是因为这种思维模型的使用最为简单、广泛，所以许多人认定其有着"先天"的合理性与正确性。但可惜的是，许多人正是由于这种想法作祟，从而忽略了对因果关系的关注与思考，反而对因果关系的认知产生了偏差。

因果关系的成立与否，取决于事物的已知原因与结果之间是否有着必然性，只有必然性存在的情况下，因果关系才能成立。但在生活中，许多人却将相关性认定为必然性。

"这次没有获得升职，是因为我最近加班少了。"

"孩子学习成绩不好，原因在于他每天玩手机。"

之所以很多人将相关性认定为因果性，是因为人们愿意通过简单的思考来满足认知闭合需要。将相关性进行因果关联，可以使一切问题得到解释，从而消除我们对未知的焦虑。但这不过是一种"伪因果关系"，其并不存在绝对性，也就是我们所推断出的原因并非导致结果的唯一因素，而是一种相关因素。

对因果的错误理解，很容易使建立在其上的一切因果逻辑无法被正确认知，从而使许多与因果相关的逻辑推理也存在着相应的谬误。如果说将相关性认定为因果性，还不足以使我们的判断产生过大的偏差，那么因果倒置，则很容易使我们对这个世界的认知产生颠倒，从而导致我们的判断力完全失效。

因果倒置，指的是将结果认作原因，将原因认作结果。之所以出现这种思维逻辑，在于忽略了因果关系中的时间因素，由于没有理清各因素在过程中的时间顺序，从而将其中的某些原因误认为结果。比如某研究机构在对人类寿命进行统计分析时发现，拥有较高"社交参与度"的个体，往往可以获得较高的寿命，但这显然是一种因果倒置。因为拥有较高"社交参与度"的个体，通常会具有更好的社会地位与生活水平，可能并非"社交参与度"高才长寿，而是具有较高"社交参与度"的个体往往由于其较高的生活水平而长寿。

国内一直流传着一句谚语"孝顺父母的孩子未来肯定幸

福"，但这可能也是一种因果倒置的逻辑方式，毕竟幸福的孩子才有精力去孝顺父母。之所以产生因果倒置的思考方式，在于我们在面对较多归因可能时，会习惯性地选择最为简单、最为容易联想的方式进行解读。

因果倒置会导致我们的许多决策不具备正确性，如果没有找到认清因果倒置的方法，很容易使我们陷入"伪科学""谣言"之中。我们在对许多知识进行摄取时，很容易由于没有明确分辨，导致一些糟粕思想被我们所吸收，从而使我们陷入偏激或是狭隘之中。这意味着我们在吸收新的知识时，需要主动地思考鉴别，而非简单地全盘接受。

一方面，我们在面对某些知识、结论时，尽可能不要先入为主地进行定义，既不要全盘相信，也不要一味拒绝，而是考虑这个论点的论据是否对论点具有强有力的支撑性。论据是否来自周密的科学实验，或是领域内专家的认同，决定了论据是否具有可信度。另一方面，我们还需要考虑论据与论点之间是否可以反向解释。

一群猴子爬树，爬得快的猴子在上面，便会被下面的猴子看到自己的红屁股，因此上面的猴子经常会遭到嘲笑，这便是"红屁股效应"。许多企业的员工，看惯了"红屁股"，产生了错误的比较，自认为自身能力足够，无须精进，从而一直抱怨自己怀才不遇，坚定地认为当自己成为领导后必然会表现出超凡的能力与价值。实际上这也是一种因果倒置的思维方式。并非没有成为领导而无法发挥价值，而是没有价值所以无法当上领导，许多人便在这种谬误之中蹉跎了一生。

因果倒置会产生诸多危害，这种最为广泛与常用的思维方式，会使我们的大部分决策、行为产生偏差，日积月累之下对我们的人生造成巨大的影响。不想在懵懂中被"权威"所惑，那么最好的办法则是理清原因、结果与时间之间的关系，走出因果倒置的困境。

轻率概括：不完全归纳推理

"年轻人真的是好逸恶劳，我邻居家的孩子，上了两个月班又辞职了。""电商行业真的完了，我朋友今年赔了十几万。"类似这样的逻辑，在我们的生活中并不少见。许多人在抛出一个观点时，会通过一个例子来进行解读与支撑，但许多人没有意识到，看似强有力的例子，却只是一种轻率概括。

作为一种常见的逻辑错误，轻率概括指的是在没有足够样本的情况下，运用枚举的方式进行归纳与推理，对事物做出草率的普遍性结论。在多变、多样的世界中，我们想要定义、解读一个人、一件事物、一个群体时，即使是有穷数列，也会由于数量与时间的原因，导致我们无法客观地进行观察与概括。许多人为了满足定义、解读欲，开始运用不完全归纳法，在考察有穷数列的一部分个体后，便粗暴地得出普遍性结论。

《矛盾论》中写道："人们总是首先认识许多不同的事物的特殊的本质，然后才有可能进一步地进行概括工作，认识诸种事物的共同本质。"但很多时候，人们却并没有耐心对不同的事物进行深入了解，过度的表现欲使他们急于得出结论，以收获他人的认同与赞美。

我曾在一家食品企业负责新品规划，在对旧有同类产品进行调研时，我分别采取了陌客、问卷、座谈三种形式。我们收集了近万人的样本，在对口味方面进行评分时，约有80%的用户选择了差评。我不禁思索，差评率这么高，企业如何能保持销量？并且在其他渠道中，也并没有表现出如此高的差评率。于是，我便开始了一一排查。

很快，我便发现问卷的投放形式有问题，问卷最终的礼品奖励只能吸引到中老年群体，青少年则对我们所提供的礼品毫无兴趣。但旧有同类产品的面向用户本就是青少年，于是我重新调整了投放渠道与礼品设置，最终获得了与座谈会相差无几的差评反馈率。

如果我没有发现这点，而是根据较高的差评率直接选择淘汰旧有产品，那么新品研发的过程中，必然会错过旧有产品的闪光点。调查问卷所收集的用户反馈信息，只是我们所有用户中的一部分群体，如果我根据这一部分群体的喜好进行新品研发，那么显然这种轻率概括的方式，很容易使我们的新品毫无价值。

轻率概括所表现出的逻辑错误，很容易在日常的沟通、话语中暴露出我们思维的缺陷，从而损害他人对我们的印象。曾经我受邀去一家企业临时指导，他们的销售业绩在一年内下降了近50%。在与销售总监进行沟通时，总监很苦恼地和我说，其实所有的问题都出自他身上，因为他的销售人员工作激情下降，所以导致企业收益减少。他向我举了一个例子，他手下曾经的销售冠军都失去了工作的激情，而之所以失去激情，则归根于公司的收益下降。

我虽然很佩服这名总监的担当，却意识到他的逻辑似乎有些混乱，到底是企业收益先下降，还是员工先丧失激情，他并没有理清这个很关键的问题。经过多地走访，我发现问题出自供应链和渠道管理。经销商不愿意推销、展示企业商品，因为企业曾经在一段时间货品供应不足，导致许多供应商损失了订单。而这也是员工工作激情下降的原因，与供应商的信任重建并非几名销售人员便可以实现的。

总监将员工激情下降看作是企业收益降低的因素，显然是犯了以偏概全的轻率概括错误。虽然他表现出了一定的担当，但我不免对他非常失望，因为无论他多么的自责或是愧疚，在错误的逻辑思考方式之中，他都无法为自己的岗位负责。

如果说这位总监是无意识间陷入逻辑谬误之中，那么社会上的许多人则是主动地选择轻率概括，以为自身提供合理化保护。所谓的合理化保护，指的是我们在追求一个难以实现的目标时，为了减轻目标无法实现所带来的痛苦伤害，便主动寻求外在的借口与因素对自身心理进行合理化的保护。正如伊索寓言中那只吃不到葡萄的狐狸所说："反正这葡萄是酸的。"

人们通过搜寻、整合符合自己内心需要的理由，从而为自己的失败、挫折进行合理的辩解，只为防止自己进入强烈的自信心受挫与自我怀疑之中。我们会在人生的某些时刻面临巨大的失败，这时需要合理化保护的存在，以防止我们的内心承受无法承受的"重量"，它可以使我们的内心免于崩溃，也使我们获得重新前行的力量。但合理化保护从来无法解决问题，它只是提供了遮掩、躲避问题的方案，并无法使我们获得"痛苦"的成长。而通过合理化保护来对事物、过往进行定义与解释，则很容易使人陷入轻率概括的逻辑错误之中。

"酸葡萄：创业失败后，表示赚的都是黑心钱（贬义打击），自己的良知不允许自己这样。"

"甜柠檬：创业失败后，表示赚钱再多也没有用（说服别人），还是安安稳稳地上班舒服（最佳选择）。"

"推诿：创业失败后，表示市场大环境不好（推诿环境），并且自己的合作伙伴不够真诚（推诿他人）。"

合理化保护的背后，是通过隐藏内因向外寻因以防止认知上的失衡，通常越是自命不凡却频遇挫折的个体，越喜欢使用轻率概括来进行合理化保护。如果一个人惯于使用轻率概括，那么则很容易形成逻辑惯性，使其在没有意识到的情况下对问题进行逃避，最终必然会导致一生碌碌无为。

而想要避免轻率概括所带来的负面影响，最好的办法便是利用完全归纳法进行逻辑推理，也就是将有穷序列的所有成员进行抽象与观察，通过其中的共性得出普遍性结论。正如我们想要计算企业的平均薪资，那么必然需要将一个企业内所有员工的薪资进行统计，才能得出正确、没有偏差的结论。虽然完全归纳法在实施过程中具有一定的时间、实施成本，但却是看清事实必须付出的"代价"。

诉诸权威：真理与权威不同

作为希腊神话中智慧的神明之一，普罗米修斯窃走了天火，偷偷将其交给人类，从而使人类成为万物之灵，而自己则遭到宙斯的惩罚，被锁在高加索山脉的岩石之上，每天承受着内脏被恶鹰啄食的痛苦。虽然人类对火的运用并非来自普罗米修斯，但火确实对人类的进化起到关键性的作用。

在我们远古的祖先学会对火的控制后，我们开始食用经过火焰烤制的熟食，这使得我们对食物的消化时间大大减少，从而使肠道缩短，并节省了大量的能量用来供给大脑。大脑只占身体总重量的2%～3%，但大脑即使是在身体不活动的情况下，也消耗着25%的能量。同时期的其他猿类，消耗大约只占8%。大脑的发育使得智人可以进行简单的语言交流，从而为分工合作提供了基础。

随着人类每天接受信息量的增加，大脑为了维持高强度的思考，我们能量的消耗也为之大增。于是我们开始运用抽象思维能力，来降低我们的能量消耗。但并非所有人都拥有确定、一致、有条理的抽象思维能力。为了防止抽象思维能力的缺失或不足导致的决策瘫痪，许多人在决策、定义时便开始寻求外界的帮助，于是诉诸权威谬误随之而来。

如果一个人在某一个领域，拥有领先于其他人的经验、成果，拥有对领域内事物的解释权，并可以得到大部分人理性的认可，那么我们便可以将其称为某一领域的权威人士。当我们面临生活中的决策与定义时，借用权威人士的话语、成果作为论据，显然可以降低我们的决策成本，使我们快速地做出决定。

正如当我们面临医学领域的决策时，听从医生的指引，谨遵医嘱，便可以确保我们的身体得到有效的保护或治疗。或是我们要对一件事物进行"真伪"定义，那么听从领域内专家的看法，则可以使我们不产生错误的定义。毕竟我们并没有足够的时间与精力，对生活中的各个领域进行深度的思考，这时参考领域内权威人士的观点，则可以使我们获得快速、正确的答案。

我的某位朋友一直浸染在文学界，对诗歌的创作与欣赏颇有心得，他一直非常崇拜一名诗歌作者，认为其诗歌在当代诗歌领域无出其右。朋友对诗歌的创作与理解，也一直建立在这位诗歌作者的知识、历程之中。在后来的许多次聚会中，朋友总是对这位作者赞不绝口，满脸崇拜。

后来我们在一次饭局中聊起人事管理方面的问题，这位朋友也兴趣颇浓，在我们对一个观点争执不休时，他站出来表示："这个问题，那位作者在微博上说过，其实很好解决。"然后他便复述了一遍那位作者的话，听后我们均默不作声，因为这句话看似深奥，实则外行。

不可否认，那位作者在本领域内的实力与经验，完全可以对领域内的事物进行定义与解释，并具有可靠的正确性。但诗歌与管理分属不同领域，其对职场领域事物的定义与解释，在我们看来是幼稚且不切实际的。但朋友却不这样认为，在他看来，像那位作者那样成功的人士，有着超然的智慧，足以在许多领域有着权威性。

这便是诉诸权威谬误，许多人依靠权威人士的只言片语，对其他领域的论题进行定义与解释，显然是不合适的。毕竟不同领域对技能经验有着不同的要求，而人的精力有限，很难将多个领域钻研透彻，忽略领域区别自然会导致诉诸权威谬误。

其实，之所以出现诉诸权威谬误，来自我们对某人的权威崇拜，当一个人在某一个领域具有权威性，由地位、权势、能力所组成的权威性，很容易使我们陷入权威崇拜之中。出于对其个人的认可，我们开始无视社会中对他的负面评价，而只聚焦于其正确的一面，并且下意识地认为他的思想具有完全的正确性。

即使是我们遭遇现实的挫折或是他人的劝导，也很难改变我们这种下意识的思维，因为我们之所以崇拜一名权威人士，本质上是我们希望成为他。只有在内心深处希望获得万众瞩目的人，才会去崇拜明星，因为明星帮助他实现了他未能实现的愿望；只有想要成为权威人士的人，才会对权威人士产生崇拜，因为那是他想要活成的样子。在错误的领域使用权威人士的观点遭到反驳时，被反驳的对象并非权威人士，而是他本人。

真理是时间的孩子，不是权威的孩子，诉诸权威背后的以人为据，会使我们在许多领域的决策、发言产生不相干谬误。这背后折射出的问题，其实仍是自身逻辑思维缺失，从而使得我们在考虑问题时，并非出自理性的客观证据，而是出于情感导向。

实际上，即使面对权威人士在本领域提出的主张，真正正确的做法也应是考虑其证据充分、正确与否，再做出采纳或是拒绝的决定，而不应只是判断其是否是领域内的权威人士，毕竟权威人士的角度、地位、利益不同，也会出现不同的结论。

逻辑思维需要不断锻炼，不断去伪存真，不断控制优化，它只会日积月累地增长，而无法瞬间习得。在我们获得较高的思维水平之前，先摒弃那些常见的思维谬误，并从中意识到自身思维的缺陷，便是我们所踏出的第一步。

狭隘经验：固化的思维定式

生活中并非只有巨大的成就才会使我们欢喜雀跃，即使是微小、不起眼的"小确幸"也可以使我们感到愉悦。我们迫不及待地想要分享这种快乐的情感，但我们却并不一定敢于分享，因为分享来自自我成就的快乐，很容易遭到他人的打击。一次好的考试成绩、一次出色的工作成果，都可以遭到无由来的负面声音："有什么用呢？这又改变不了什么。"

我们的许多话语、认知与行为，都是以过往所积累的经验作为支撑，这并不是一种错误的思维。但在我们的周边，有许多人却通过片面的经验，去轻易地定义事物，正如许多人所信奉的学习无用论，则是来自对身边现实例子的片面观察所形成的经验，从而导致的错误结论。

英国哲学家乔治·贝克莱、约翰·洛克、大卫·休谟是经验主义的代表人物，在许多经验主义者看来，经验是获取知识的主要来源。我们降生在这个世界之后，所获得的一切知识都会成为我们的经验，所接触的一切事物都将帮助我们更好地前行。知识由经验而来，并通过经验进行验证，不管是生活还是工作之中，经验的重要性都是不言而喻的。

但这并不意味着，所有由经验所形成的认知观点都是正确且不容置疑的，许多时候，经验反而使我们变得狭隘。固有的经验在我们的记忆中生根发芽，使我们对一项事物拥有确定的解释，也导致我们开始以固有经验孤立、静止、片面地看待问题，并且拒绝接纳新的经验。正如《韩非子·五蠹》中"守株待兔"的故事一般，对固有经验的执着，只会使人狭隘地等待另一只自投罗网的兔子。

现实中并不乏守株待兔的例子。元伟是我们企业的一名经理，任职期间，他无时无刻不想要获得梦寐以求的总监职位。但在一次激烈的竞争中，他惨遭落败，失去了那次晋升的机会，眼睁睁地看着别人获得晋升。元伟之所以成为竞争中的失败者，并非因为自身的缺点，而是对手刚刚完美落地一个重大项目，正是在公司中绽放光芒的时刻。

元伟也想要获得一个重大项目，在他看来那是晋升不可或缺的基础条件，他的想法并没有任何的错误。其实，在那时我们便有意使他也获得晋升，毕竟他在部门管理和人事管理方面有着突出的成绩。人事部门的一名总监正有着离职的意向，我们高层也达成了对元伟人事安排的共识，因此对元伟来说，他需要的是保持原有表现，等待时间的馈赠。

但元伟的心思却飘到了如何获取到重大项目之上，他开始

"长袖善舞"地拉拢上级领导，希望将更重大的项目交给他来执行。但我们都深知他并不是一名开拓型人才，在"长袖善舞"的过程中，董事会也感到不满，因为这与我们企业的文化严重不符。元伟便在毫无知觉间失去了自己晋升的机会。

克留切夫斯基说："信念的固定性不仅可能反映思维的一贯性，而且还可能反映思想的惰性。"我认为再有道理不过。元伟找到了竞争对手得以晋升的原因，从而对晋升这件事形成了固有经验，于是便开始孤立、静止、片面地思考晋升，并倾尽全力地想要对其进行模仿。但他的固有经验过于片面，并没有意识到每一个个体在企业中都分担着不同的角色。

固有经验所形成的思维定式，使得他并没有精力与心思去思考其他的路径，他沿着前人的道路不断攀爬，殊不知这是一条并不适合他的道路。这种误区的出现，正体现了他思维上的惰性。对他人的经验全盘照收，本质上是一种模仿行为，但这种模仿行为却忽略了自身与对方的处境和能力的区别。惰性的思维方式，使他以狭隘的经验作为参照物，也难怪最终被公司"扫地出门"。

对事物的经验所组成的认知，许多时候是狭隘的，许多人并没有对经验进行筛选、整合与分辨，只是一股脑地、机械性地学习他人，最终形成了思维定式。我们需要依靠经验对知识进行验证，依靠经验形成新的知识，但在这之前，我们需要确保我们所获得的经验是正确的。

我们很难去验证经验的正确与否，因为随着时间的流逝，事物不断变化，过往的经验很快便会被世界所淘汰，我们能验证的只有经验曾经是否正确，而并非现如今是否正确。但这并非一件坏事，经验的正确与错误的不停变化，反而在告诉我们一个不变的真理，那便是世界唯一不变的便是变化。我们可以依靠经验，但我们依靠的是对事物的基础认知，而非我们建立在其上的观点。正如我们可以相信男人拥有更强劲的体魄这种基础认知，但不能认为更强的体魄使男人变得更为暴力。

对事物的基础认知，是出自理性、客观地对事物属性的观察，而非出自我们以感性建立在其上的评价与观点。即使是我们的思维日益成熟，也很难发觉思维定式所导致的惯性思考。但当我们曾经想象的事物属性开始变化，却可以被思维日益成熟的我们所清晰捕捉到。当我们意识到事物属性开始变化，那么我们则可以对过往的经验认知进行一次重新整合。

认知吝啬：服务自身的回忆

生活中我们需要不断地进行判断与选择，在这个过程中，根据我们认知水平的差异，会产生不同的思维策略。对判断与选择进行理性、客观的判断是一种理想化状态，但想要达到这种理想化状态，显然是非常困难的。因为不易察觉的"信息内加工"思维方式，会使我们的认知形成惯性，从而导致我们无法清晰地捕获到自己的思维过程。

很多时候，我们的大脑在进行社会认知过程中，不得不筛选出那些对我们具有意义的信息，但我们可以用于认知的精力却是有限的，这便导致我们人类普遍性地选择了一种最为节省时间与精力的信息加工、决策、判断方式。

认知心理学认为，我们面对社会中纷杂的信息，信息的不确定性与复杂性导致我们无法将信息完全复刻与记忆。我们通常会具有目的性地对事物的某一部分信息进行理解与记忆，但在这种目的性的影响下，我们并无法将事物的全部信息复刻至脑海之中，只是将事物的某一部分特质与其表象进行了记忆。而随着时间的推移，我们对事物的表象记忆会随之剥落，而对事物的特质记忆却会愈加突出。

当我们需要重新使用这部分记忆时，由于原有记忆的逐渐淡化，我们开始选择性地调取记忆并对记忆进行符合自己认知的加工，最终以一种最为简单、迅速的方式进行调用，从而表现出一种先入为主的直觉性信息处理方式，也就成为认知吝啬者。

我们的生活中有着许多的认知吝啬者，甚至在社会心理学家麦硅尔（Meguire）看来，认知吝啬本就是我们人类个体的特性之一。我们在知觉他物时，常常省略掉琐碎的信息，并不去知觉或记忆所有的信息，而是从当前所面对的事件中选出能形成印象的必要信息。认知吝啬者就环绕在我们身边，也可能就是我们自己。

甚至在许多企业的高层中，也有着认知吝啬者的身影，我在多家企业的决策层会议上，都能听到认知吝啬者所发表的看法。决策层的会议中，每个人都有着不同的派系，代表着不同的利益群体，决策往往是在维持企业良性发展这一基础共识上进行的各群体间利益争夺与分配的一个过程，在这个过程中，他人话语中的一些漏洞，往往会被用来大做文章。

曾经在对确定企业明年发展基调与主力方向的会议中，一名张姓副总对明年的主力方向提出质疑，表示根据以往的经验，明年的主力方向已经被证实过无法获得良好的收益。新的主力方向意味着他所属的模块将退居二线，因此他迫不及待地表示反对不过是想要获取其上级的信任。

但很快这句话的把柄便被其他人所挖掘，于是一连串的提问便开始出现："几年的时间内市场环境是否发生变化？用户是否产生了新的需求？当时的收益未达到预期，是否有着执行层面的问题？近几年企业发展所带来的品牌溢价能否带来改变？"一连串的提问，张姓副总自然是无力招架的，最终CEO为这个观点定下了基调："考虑好再发表意见。"

从小数定律来看，人类行为本身便不具备完全的理性，在事物发展结果未知的情况下，我们的思维过程会系统性地偏离理性，通过思维定式或是表象思维与外界环境影响，我们会直觉性地进行非理性判断。我们会忽视事件的无条件概率与样本大小，只是通过对关键特征的提取便认定事物的发展或是做出相应的判断与决策。

理性的判断与决策是一种具有高昂成本的思维活动，它意味着我们不仅需要事先对信息进行深度的理解，还需要在记忆调用时与外界环境进行匹配，并且尽可能理性地控制我们的情感、偏好、倾向与角度，这意味着我们所有的理性判断，背后都有着巨大的思维成本。

那么，我们在生活中对事物进行判断与决策时，如果对所有事物进行理性判断，那么显然是一件非理性行为。毕竟如果我们将宝贵的思维精力用于决定早晨应该穿哪件衣服，中午应该吃什么饭，显然不符合利益最大化的需求，因为我们在其中投入巨大的、有限的思维精力，则必然会导致我们错失更具有价值的事物决策。

我们的理性决策应该用于那些可以给我们带来巨大收益的事物，也就是可以弥补我们的思维精力成本的事物。按照心智经济性原则来看，我们需要在事物的收益与付出的努力之间做出最为平衡的权衡。

那么什么是可以为我们带来巨大收益的事物？答案是可以提升、锻炼我们认知水平的事物。因为对这些事物的思考，有助于我们未来更好地看透其他事物的本质，从而一方面减少我们对事物认知过程中的消耗，另一方面帮助我们更好地看清世界。

而提升、锻炼我们认知水平的事物，如果要进行枚举罗列，那么显然是一件无法实现的事情。但我们可以找到一种最为简单的方式，来清晰、快速地判断这件事物能否有助于我们的认知提升。

当事物具有足够的复杂性，却有着清晰的结果时，便是有助于我们提升认知水平的事物。正如我们从一名同事的升职，反推其升职的原因，在这个过程中我们将对多个事物进行联系，对多个事物进行剖析，从而得出我们的结论，而在这个过程中，我们的认知水平便在不断地得到锻炼与提升。

我们要长远地考虑思维经济原则。有些事物或许需要很大的思维精力投入，却可以磨炼我们根本的认知水平，那么从长远的角度来说，便是具有经济性的。同样，如果某些事物虽然不需要我们投入太多精力，却对我们没有任何长远的益处，那么显然我们所投入的精力，很有可能会成为沉没成本。

惰性思维：求知欲望的缺失

如果我们将社会看作一个整体，从一定高度看它所表现出的表征，并根据这些表征来与我们自身对比，判断我们所处的社会阶层，判断我们在社会中具有多高的竞争力，判断我们的行为是否符合大众看法，也就使我们形成了对自我的认知。

虽然我们可以与社会进行比较，但我们却只能局限于过去与现在，而无法清晰地看到未来。我们无法判断自己现如今的优势或是能力，能否在未来社会中保持较高的竞争力，我们也不知道自己现如今的努力程度是否与社会的发展所匹配。

如果我们将自己与社会看作一种博弈关系，我们的能力、认知水平提升速度可以超越社会中的平均水平或是中位数，那么则可以看作我们与社会博弈过程中是占优的，毕竟超过平均水平或是中位数，意味着我们的能力、认知水平可以在未来不被淘汰或是落后。

但我们很难看清这种博弈关系，我们可以清晰地感知、预测自己的行为，却无法如感受自己一般去感受社会。但这并不意味着我们便无法选择自己的行为模式，或是无法在这场博弈中做出最优的决定。

在博弈论中有一种策略形式被称作占优策略，便是无论竞争对手如何反应，我们能做的都属于我们的最优选择。这意味着，虽然我们与社会处于博弈之中，但实际上我们可以不考虑社会的反应，而去选择我们所能做的事情。我们可以不与社会的平均水平或是中位数进行比较，只是尽可能地做好我们能做的。我们可以不考虑自己的能力与认知水平的提升速度，只需要拼尽全力地对两者进行快速的提升即可。

实际上这正是我们能在与社会博弈过程中选择的最优策略，而选择这种最优策略，则意味着我们可能没有停歇与喘息的时间，却可以确保我们在未来的社会中拥有足够超越现在的竞争力。更重要的是，想要选择这种最优策略，则意味着我们需要具有足够强烈的求知欲，正如苏格拉底所描述的"和求生欲一样强烈的求知欲"一般。

不管我们是从生物、心理还是从社会角度来看待，求知欲都贯穿于我们生活中的每一个环节，它是深刻于我们基因之中的生存保障手段。从我们出生开始，求知欲便在帮助我们积极地接触、学习、理解、掌握新的事物、知识，从而使我们具有应对社会复杂、多变环境的能力。

而求知欲的背后，实际上是由好奇心作为驱动力，当我们面对未知、空白的事物时，好奇心会驱使我们了解、观察、学习与定义。为了达成这一点，我们的大脑会对好奇心的满足提供一种积极的反馈情绪，使我们感到快乐或是充实。在英国诗人塞缪尔·约翰逊看来，"好奇心是智慧富有活力的最持久、可靠的特征之一"。

但随着我们自认为掌握了生存的诀窍，开始有资格参与到社会的价值交换之后，也就失去了对知识探寻的欲望。原因在于好奇心需要消耗我们的大量精力，而精力在我们工作的过程中显然是稀缺的。另外，我们年少时具有快速的奖励回馈机制，我们所表现出的一丁点儿进步，都会获得相应的认可与赞美，但随着我们步入社会，评价者并不会鼓励、表扬我们微小的进步，我们也无法凭借这种进步获得物质上的奖励。

我曾经组织过一个读书会组织，本意是希望通过快速的相互鼓励、表扬机制，重新焕发好奇心所带来的内在动力。在组织初期，在十几个人的互相监督、鼓励中，组织成员确实表现出了积极阅读、获取知识的行为，并且在这个过程中养成了阅读的习惯。

后续随着组织扩大到百人，通过商业合作获得了一部分资金，设立了更加具有现实意义的评选与奖励机制。读书会中的许多人本是抱着获取知识、养成习惯的想法进入，却在获取知识、养成习惯的过程中被惰性所战胜，开始以一些投机取巧的方式进行打卡，并在网络上摘抄笔记，或是通过拼凑进行分享。

求知的过程是痛苦的，在没有足够好奇心推动的求知过程中，很容易产生惰性思维，转而放弃求知，而开始寻找捷径。现如今我们在网络中，经常会看到许多毕业生或是职场人，寻找一些关于面试、工作、升职、加薪的技巧、必胜绝招。

这其实便表现出了惰性思维中的"做题"思想，也就是当面临生活中的种种选择或是困境时，我们将其作为一道题目来看待。我们需要的并不是努力思考去解开这道题目，而是直接快进到这道题目的答案，至于其中的过程则不重要。如果我们能事先知道试卷中的题目，并找到相应的答案，那么其中的解题思路便可有可无，毕竟我们的精力是那么的宝贵。

从题目跳到答案，省略了中间的思考环节，这是许多人面对人生的方式，这种捷径思维背后正映射出其思维的惰性。这种惰性的出现，在穆勒看来是随着青春的朝气消失、前进不已的好奇心衰退以后的产物，最终他以一句"人生就没有任何意义"，来对这种现象做出最终定论。

好奇心可以促使我们产生求知欲，而在求知的过程中，知识的收获可以使好奇心给予我们快乐、充实的愉悦感受。想要在与社会的博弈过程中胜出，实现占优策略，那么则离不开好奇心给我们带来的内在动力。

我们习惯了外界物质的奖赏，习惯了通过外界动机驱动我们行动，而对外界物质的欲望使我们产生了想要快速跳过过程、快速获得奖励的思维模式。那么当我们想重新建立好奇心这种内部动机时，需要的便是设立快速的奖赏模式。我们很难直接从外部的奖赏中"脱敏"，但不意味着我们无法慢慢地过渡。

将自己的生活、娱乐开销分摊至所有可以为我们带来积极作用的活动之中，自己对自己的好奇心进行奖励，对自己的每一次痛苦的知识汲取进行奖励，对自己的任何有益于未来的行为进行奖励，才能使我们重新感受到好奇心所带来的充实感与愉悦感。

而当我们重新建立起好奇心，在其驱动下产生求知欲，那么我们自然摆脱了惰性思维的影响，焕发了内在的动力。

成功恐惧：逃避成功的结果

我们每个人都在通过自己的有意识努力，达成自己所设置的目标，从而获得成功的体验。人生的结局，便是由我们的一次次成功与失败建立起来，毫无疑问的是，成功的次数越多，我们越可以有尊严地迈入人生的归处。

成功对我们有着非常切实的意义，它可以为我们带来预想中的一切，也可以使我们获得他人的尊重与敬仰。甚至成功与否，还将决定着我们是否会陷入长久的负性情绪之中。因此，成功可以说是芸芸众生所不断追求的结果。

虽然成功是许多人的追求，却并不意味着在成功触手可及时，每个人都会毫无顾忌、一往无前地获取它。反而在社会中，许多人出于多种因素的影响，在面临成功时选择了退缩与放弃，即使这曾经是他所梦寐以求的结果。

著名心理学家马斯洛认为，人不仅害怕失败，也害怕成功，他将这种在机遇面前自我逃避、退后畏缩的心理，称为"约拿情结"。"约拿"是基督教中的一个概念，意为传递信息的"鸽子"，约拿在完成神所赋予的伟大使命后，却表示自己是迫不得已地工作，他将自己隐藏起来，使众人的目光转向神那里。

"约拿情结"所表现出的并不仅仅是对成功的恐惧，更多的是这种对成功的恐惧使我们产生了更为复杂的情绪。出于对成功的逃避，我们拒绝承担具有挑战性的事物；同时我们又嫉妒他人的成功，也对其他人的失败感到幸灾乐祸。

深夜2点，一位同事约我聚餐，我虽然感到疑惑，但出于情感使然，我还是欣然赴约，毕竟在这种"不合适"的时间，常常是有着紧急的事情。"你告诉我你是怎么想的？"落座不久我便近乎愤怒地问道。

同事在一家跨国企业工作，经过7年的坚守，终于得以见到曙光，公司决定给予他一次晋升的机会。只需要通过3个月的考察期，便可以享受到更好的地位与权力，更有近乎翻倍的薪资。这3个月的考察期不过是一个缓冲期，决策层需要平衡一下多方利益，不过是一个过场。但他却主动毁掉了这一切，通过多次同一工作的低级失误，成功地将自己从晋升的"成功"之中脱离出来，这难免使我感到难受。与我的难受形成强烈冲突的是他脸上堆满的笑容，他很兴奋地喝下一口酒："终于解脱了。"

我们人类的心理是复杂且奇怪的，我们脑海中总是会有相反的两种声音，我们渴望亲近却又抗拒亲近，我们渴望感情却又担忧感情，我们渴望成功却又害怕成功。但一切的复杂与奇怪，背后都一定有着合理的解释。

约拿情结所表现出的成功恐惧，毫无疑问会使我们错过机会，甚至使我们自身的成长陷入停滞之中。我也不止一次地看到即将晋升的人表现出踌躇，看到即将成功的人表现出担忧。但临近成功，则意味着其已经攻克了大部分的难关，离成功的"临门一脚"本应是最简单的一步才对。

我们在年少时，由于自身智能发育不完全，很容易产生"我不行"的思想，而随着我们年龄的增长，这种情绪将逐渐被掩盖。不过掩盖却不意味着消失，如果我们在年少时期受到来自评价者的打击，那么则很容易在成年后重复性体验这种场景。

许多孩童在少年时期，即使是获得一个令大部分人满意的成绩，也无法获得父母的满意，甚至父母要以"你还差得远，你没法儿和别人比"来进行打击。对于父母来说，这可能是一种对孩子的情绪控制方式，防止孩子产生自大的情绪。但对孩子来说，成功之后所获得的打击与其预想的成功截然不同，会使孩子的认知失调，陷入创伤之中。

成年后虽然这种创伤被隐去，他再也不必担忧来自试卷成绩的烦恼，但创伤却使他时常产生情景再体验。他强迫性地使自己重复孩童时的场景，主动放弃成功，再次体验曾经的无力感，以求战胜自己曾经的创伤，但他挥舞着刀剑，挥向的却是那并不存在的敌人，因为曾经的评价者已经停止了评价，也就再也没有战胜他们的可能。

另外，受文化模仿的影响，我们很容易受限于传统思想。传统思想中一些观点的不断传递，很容易使我们在不自觉间表现出相同的思维方式。比如在"枪打出头鸟"的暗示下，我们往往会选择含蓄、委婉的行为，而不会表现出激进、直白的一面。

因为"枪打出头鸟"往往跟随着一个惨痛的例子，我们或许并不担忧成为"出头鸟"，我们更担忧于成功后他人所表现出的质疑、嫉妒，我们也忧虑于自己辜负了他人的期望，会对他人造成何等的伤害。

但人生总要不断地成功才是，我们一次次放弃机遇与成功，不仅使我们在一段时间的努力全部白费，也使我们在一次次放弃中失去了成功的可能。而想要克服这种恐惧，需要的便是知道我们到底在惧怕什么。

当我们联想到成功，我们脑海中浮现出了什么？是一幅画面，还是几个形容词，又或是一个复杂的场景？在这些画面、形容词或是场景之中，我们是表现出积极的一面还是消极的一面，我们周围的人是嫉妒还是羡慕？

通过对成功的联想，可以找到我们对自己的描述方式，更重要的是，我们可以找到自己对成功深植于心的恐惧。

完美主义：因完美踌躇不前

完美是一种乌托邦式的假想，虽然在历史中无数人通过追求完美，从而实现了卓越的成果，但完美本身却是并不存在的。完美是虚幻的，世界上并不存在真正意义上的完美，但所幸的是，事物的缺憾感反而为事物本身赋予了特质。

虽然完美并不存在，但社会中却存在着许多完美主义者。通常来说，如果一个人追求完美，那么他会尽可能地在行为上表现完美。可实际情况是，许多追求完美的完美主义者，不仅没有进行具体的行动，反而由于对事物的完美追求，导致自己停滞不前。

对于完美主义的奉行者来说，在进行具体行动之前，需要对目标、流程、计划、节点进行周密的策划，并且要确保万无一失。但即使进行着完美的前期筹备，谁也无法保证事物便会按照事先预料那般发展，在开始具体的行动时，任何的偏差都可能导致后续计划的失效。而每当计划实施过程中出现偏差，都意味着事物变得不够完美，完美主义者也便陷入崩溃之中。

丘吉尔说："完美主义让人瘫痪，信奉完美主义的人，往往由于不够完美而停止行动。"在现实中确实如此。许多信奉完美主义的人，常常因为过于追求完美，而导致其一直在修改计划，无法接受现实中的一丁点儿偏差，从而一直没有采取行动，一直处于踌躇状态。

心理学家通过研究发现，完美主义被看作一种人格特质，具有这种特质的人，在思维、情绪、行动上都呈现出追求完美的倾向。完美主义者希望自身乃至自身的行为都是完美无缺的，在任何工作、事物之中，都要求做到尽善尽美。这种追求完美的倾向，会逐渐演化为一种恐惧感，最终表现出对完美的极度渴望与对缺憾的极度恐惧。

对完美的极度渴望，是一种永远都无法触碰到的梦想，因为在追求完美的过程中，并不存在终点。在一些简单的事情中，或许可以达到完美的标准，但随着目标的一次次达成，难度的不断递增，终究会遇到那些无法尽善尽美的事情。并且由于对完美的极度渴望，许多人无法感受到完成目标所带来的快乐，他们只会不断地向上攀登，直至超出自身的能力范畴，陷入对缺憾的极度恐惧之中。

对完美的追求与对缺憾的恐惧，实际上在社会中普遍存在，但显然并非所有具有这种特质的人，都是完美主义。所谓的完美主义，在于其对完美的追求与对缺憾的恐惧，表现出趋于极致的特点。如果说常人会容忍事物中一些不够完美的存在，接纳完美与缺憾之间的过渡阶段，也就是不够完美、不够成功，那么完美主义者则会对事物进行极端的定义，也就是只有成功与失败之分。

人本主义心理学家马斯洛认为，人生本来就充满缺憾，完美人生并不存在于现实生活中。人生虽不完美，却是可以令人感到满意与快乐的。毕竟事物可能没有呈现出完美的状态，但如果事物本身是成功的、令人愉悦的，那么我们也可以从中找到满意与快乐。

完美仅仅存在于我们的想象与计划之中，现实不断变化的本质，决定了这世间有着太多我们无法掌控的事情。完美主义者可以掌控自己的行为，却无法控制同事、亲人、爱人、社会、世界。现实的不可控特性，使得许多完美主义者产生巨大的缺憾感，而缺憾感不免带来挫败感，完美主义者最终无不陷入只谋划、不行动的窘境之中。

可以说完美主义者是痛苦的，因为他对完美的追求本身便是虚幻的，他很难体会到事物中的快乐与满足，却可以时常舔舐到缺憾带来的苦涩。如果我们将人生看作一场比赛，那么完美主义者便是极力想要跑到第一名的人，而在他奔跑的过程中，遇到的人、遇到的事、遇到的美好与感动，对他来说都是不重要且毫无意义的。即使完美主义者最终成为第一，但在其享受第一所带来的美好之前，他便已经为自己设立了下一个目标。如果以这种方式来品尝人生，那么不免是痛苦、焦虑、撕裂的。

在社会中，人们或许对完美有着过度的追求，因为完美主义这四个字，在很多时候是对他人的正面评价。但随着社会的逐渐发展，个体思维的改变，直至今日我们才意识到，完美主义并没有那么完美，这完全是一种二分法思维模式所推导出的错误思维倾向。

二分法思维模式，就是看待事物时非黑即白，将世界粗暴地一分为二，以极端的好与坏、黑与白来定义事物。由于社会中所存在的焦虑，在许多时候评价者往往有着过高的要求，甚至出现了考试100分才算成功，99分也是失败的观点。那么在这种观点之中，许多人开始出现完美主义倾向，也就不足为奇了。

与拖延症由内因导致的延迟面对不同，完美主义者往往是由外因导致的，也就是当一个人步入社会之后，由于原先的评价者老师、父母不再承担评价责任，从而使得个体只能尽可能地满足所有人的期望，从而在缺少评价者的情况下，也可以对自我进行认知。由于完美主义者过于注重外界评价者的评价，从而在步入社会后会出现由于评价者缺失所产生的盲目行为。这也可以解释完美主义者为何要极度地追求完美，并且极度地恐惧缺憾，因为这种行为有助于完美主义者规避、逃避评价者的否定与责备。

完美主义者对完美的追求，其实也可以看作一种无法理解事物重点的表现，由于无法理解事物的关键点，从而不得不努力地将事物推进至完美。完美主义者出于对完美的追求，在工作中往往过于关注细节，从而失去了大局观，无法找到影响事物的关键因素，自然会在行动过程中遭遇挫折。

追求完美并没有错误，对于完美主义者来说，其只需要将自身的思维模式进行转化，对完美进行二次定义，便可以扭转完美主义带来的各种负面情绪。可以说在西方童话故事进入我们的世界之前，我们传统文化中自古便是三分法的思维模式，不论是儒家的中庸还是道家的守中，都是以三分法的形式进行思考。

二分法看重的是事物的好坏、对错与是非，虽然有助于少年时期的思维判断，但在面对复杂的事物时，这种评判方式则过于武断。毕竟许多事物不仅表现出对错与是非，在对错是非之间，还可能存在着是中有非、非中有是的表现。

如果我们从辩证的角度来看，三分法的思维模式更加贴近现实情况。在100分的另一端并非0分，还存在着多个数字。如果对100分的定义是完美，那么在这期间，自然有着优秀、良好、合格、差等多种定义、评价。在思考事物时，不对事物进行笼统的好坏定义，而是将其划分为更多的中间阶段，自然也就可以理性地看待行动结果。正如哈佛一位心理学教授认为的那样，将追求苛刻完美的倾向转化为追求卓越的可能，则可以从完美主义的陷阱之中逃脱。所谓的追求卓越，便是不再去关注事物是否存在缺憾，是否以完美的形式展开，而是追求自身所能达到的最高标准，追求自身能力范围内的最高标准，自然优于追求那虚无缥缈的完美。

许多人之所以陷入完美主义，在于过度地希望获得评价者的认同，因此才不断地对自身进行高标准要求。之所以会产生这种倾向，在于许多人对个人价值的认为模型出现错误，认为个人价值是由能力发挥与他人认同所形成的，但个人价值很难用简单的模型、公式来进行解答，更不是建立在他人认同基础之上的。

　　不完美并不会损失我们的个人价值，失败是痛苦的好事，当一个人撇弃寻求评价者的认同，转而开始接纳自己，寻找让自己感到快乐、满足的事物时，才能拥有更为卓越的人生。

自我认知

5

第 5 章

建立正确认知

功利心：过度的利禄追求

人生在世，我们每个人都想要通过自我的能力，在社会中体现出自我价值。我们将这种向上的动力称为进取心，人类正是凭借这种不满足于现状的进取心，得以蓬勃向上地不断发展。鲁迅先生称进取心为"向上的车轮"，正是这"向上的车轮"推动社会不断向前，推动我们不断追求更好的生活。

强烈的进取心所产生的巨大渴望，时刻调整着我们的行为模式，使我们更渴望具有挑战、具有建树的目标，这使得我们可以主动进行学习，或是勇于向未知领域进发，从而成就更好的自我发展。

但任何事物都具有两面性，如果我们尊重时间的存在，那么即使是再强烈的进取心，也不会使我们步入危险的境地。但当这强烈的进取心使我们失去对时间的尊重，那么则很容易转变为功利心，成为一种毒害我们自身的蚀骨毒药，使我们陷入对目标错误的认知之中。

不难发现，我们身边总有一些能力突出、经验丰富却最终获得"凄惨"下场的人，他出色地完成了每一项工作，每一个领导与同事，都曾在公开场合中认同、赞美、肯定他。但他却并没有获得随着认同、赞美、肯定而来的利益与未来。

明宇是我曾经非常看好的一名员工，刚刚毕业的他，便已经拥有丰富的实习履历，面试中流畅严谨的表达使我第一时刻便注意到了他。在我看来，经过几年的社会磨炼，毫无疑问他会成为最先升职的那一批人，前提是他不犯错。

所幸，他并没有犯任何错误，突出的知识储备与不俗的思维深度，很快便使他成为同批员工中最引人瞩目的一个。但那时的我便已经知道他不可能再获得晋升。有一次，我们偶然在一家咖啡馆遇见，我出于爱惜人才的原因，便邀其一起聊聊。

那时明宇已在公司工作两年有余，但一直无法获得晋升，几句不痛不痒的话题，并不是我想与其讨论的。他终于鼓起勇气，皱起眉头看向我，我这才惊诧地发现，曾经他那阳光、自信的脸庞早已消失不见，他消沉地看向我："领导，我有什么地方做得不对吗？"我很难直接告诉他答案，虽然我清晰地知道答案，我却无法直截了当地说出那句："你的功利心太强。"

功利心，来自进取心，却与进取心截然不同，两者之间最大的区别在于功利心往往无视了时间的存在。正如我们献给心爱的女孩一朵花，却希望对方在接过花的同时，便建立起我们之间的感情一样。功利心如进取心一般设置了一个目标，却会要求回报在短期内快速到来。

急功近利，或许是对功利心最好的解释。明宇每进行一项工作，每完成一项工作时，都会要求快速的回报。甚至其出色地完成一项工作后，便跑到自己的直属领导处，要求其给自己升职。但显然一项工作的出色完成，并不意味着他便具有晋升的条件甚至是机会，这种急功近利与不恰当的要求，引起了其直属领导在内的所有人的反感与警惕。

具有强烈功利心的人，会如进取心一般为自己设置长期愿景，但其并不会如进取心一般一步一个脚印地默默努力。他往往会急切地、迫不及待地想要达成自己的愿景，而不顾自己的努力程度与成果积累是否具有满足长期愿景的可能。

同时，这种功利心所带来的急功近利，使得其认为人际关系是完全出于对目标进行服务的作用，这使得其在有求于人时，会表现出底线的丧失，而在对方与自己的目标无益时，绝情地选择抛弃。每个人或许都会夸赞他工作的能力，却会尽可能地与其划清界限，因为没有人会信任一个具有强烈功利心的人，成为他的"工具"。

具有强烈功利心的个体，实际上并不会认为自己的思维有任何错误之处，相反他可能会认为自己的思维最为适合在这个世界生存。正如明宇那般，直至现实将其曾经的自信尽数抹去，他也无法发现自身的真正问题。

我很想问他一个问题，问他在步入社会之前对社会的认知是如何的，是残酷的斗争，还是温情的互助。但我并无法直截了当地提问，因为他并不会告知我真实的认知，但他所表现出的功利心，却已经告诉我答案。

在许多人眼中，这个世界是充满黑幕的，我们之所以无法获得快速的回报，在于有其他力量从中作梗。对于明宇来说，他并不认为晋升是一种需要积累的结果，在他看来，只要他表现出相应的能力，企业便应该给予他应有的回报。但他却忽略企业需要观察，需要一段长时间的稳定性观察与考量。

这实际上是一种认知混淆的表现，他的进取心之所以成为功利心，在于其对社会的预构认知与现实情境产生了冲突，在他看来，快速的回报具有可实现性，但现实却并非如此。他或是调整对社会的预构认知，使其符合现实；或是重新解读现实，从而使其符合自己对社会的预构认知。他选择了后者，于是他认为企业存在黑幕，认为他人嫉妒自己的才华。

那天我并没有为他进行解答，后续辗转多年，我们更是已经断了联系。但写到这里，我的好奇心使我与其再次开启了一段谈话，旁敲侧击之下，我便不再为其感到担忧。我相信他如今必然已经获得曾经想要的一切，本篇便以我与其聊天时他所引用的一句话来进行结尾："夫唯不争，故天下莫能与之争。"

嫉妒心：占有欲与缺失感

我们在日常生活与工作中，许多时候都会面临权益的争夺，理性的人往往会审时度势地团结一切可以团结的力量，从而使自己的权益得到保护。但并非所有人都会表现得如此理性，许多人在面临权益的竞争时，会对应该团结的力量呈现出冷漠、排斥的态度，表现出一副敌视的心理状态。

这种情绪便叫作嫉妒，巴尔扎克形容嫉妒为一种让人痛苦的感情，但正因为这种感情的存在，才会对获得保持全部的热烈。诚然，嫉妒作为一种人类个体的进阶情感，本身并无好坏之分，其既有可能成为吞噬自身的妒火，也可以成为促进我们向上的动力。

我们之所以会产生嫉妒的情绪，在于我们与他人进行对比时感受到了威胁感，我们担忧于本属于自己的利益被他人所获取。适当的嫉妒情绪，有助于帮助我们更谨慎、理性地站在"去情感化"的角度看待事物本身，但嫉妒却不会一直表现出有助于我们的一面。

当我们与他人进行对比时产生威胁感，出于自我保护，我们可以选择努力超越或是对其进行攻击，使其与我们处于同一竞争力水平。但如果奋力地赶超却无助于我们改变现状，那么长久地处于威胁感之中，嫉妒很容易转化为一种根植于我们心底的憎恨。在这种憎恨的影响下，将直接影响到我们对事物的判断，还会诱使我们做出攻击行为。

这不禁让我想起前公司的一名营销专员，她在入职后努力地跟随前辈学习，积极地开拓市场，在许多时候均表现出远高于他人的勤奋。但勤奋并不意味着业绩便会随之提升，相反，在她努力了近半年的时间后，业绩却一直表现得不温不火。

对一项工作、一个岗位的苦耕，远比不过灵巧地掌握这项工作、这个岗位的工作技巧。想表现出远超他人的竞争力，需要的不只是勤奋，更需要认知水平使其具有悟性，更快地总结、提炼、优化自己的销售流程。

企业正处于上升期，而对她来说，一边是长久不见起色的业绩，一边是其他同事业绩的突飞猛进，这自然会使其濒临崩溃。但自我的崩溃，别人却很难感受到，当她的同事在一次聚餐时纷纷表现了对她的不满后，他们才惊讶地发现，她的身上产生了变化。

曾经勤奋、谦虚的她，现如今却总是在不经意间流露出自己的嫉妒心，甚至在某些时候她表现出的是掩饰不住的憎恨。同事新购买的项链，被她说款式老旧；同事新开拓的客户，被她评价为人傻钱多；甚至在同事好心帮助其发掘问题时，被回以"你会那么好心"……她对同事的憎恨，已经流露于表。

从疏远、冷漠到憎恨攻击，嫉妒心使她一步步远离了同事，更使她陷入一种难堪的沉沦，但这明明是她自身的错误，她却毫无根由地迁怒于同事，正如我们在生活中，对那些与我们不存在竞争关系或是与我们根本不存在交际的人所产生的嫉妒心一般。我们恨不得对方光环褪去，快速地跌落，但他们从未招惹或是针对过我们。

美国人本主义哲学家、精神分析流派心理学家埃里希·弗洛姆，在其人生中最后一本著作《占有还是存在》中说道："爱也有两种含义，一种是重'生存'的爱，一种是重'占有'的爱。"这给我们带来一些启示，我们在生活中必然会对一些事物产生喜爱，必然会对一些成就产生向往。

如果我们对这些事物或是成就的"爱"侧重于"占有"，那么我们则会想要尽可能地对其进行限制、控制与束缚。这表现出一种占有欲，正如孩童时期的我们一般，我们所喜爱的东西，只允许我们自己触碰，拒绝与他人分享，而当我们得不到的时候，则希望这件东西从不存在，希望它遭到永久的摧毁。

别人的成就，所收获的利益或是敬仰，都是我们所向往与喜爱的；他人所获得的物质或是情感，也是我们所向往与喜爱的。我们想要占有的事物，却被他人率先获得，这无疑会让我们感到"失去"，更为重要的是，我们感受到属于自己的事物被他人所染指的痛苦。

他人所获得的，便是我们所失去的，即使那些事物本就不属于我们，本就是所有人都可以获得，并没有与我们产生任何冲突的。我们所产生的强烈痛苦，只能借由对目标的攻击进行宣泄，而这种宣泄，不如说是希望摧毁那些我们无法得到的东西，这是一件多么可悲的事情，这又印证了我们的思想是多么的狭隘。

我们无法接受他人的优越，我们狭隘的认知导致我们局限地观察事物，我们无法运用抽象逻辑思维思考客观事物与其本质的联系。我们以"自我"为中心，延伸至对客观环境的判断，从而无法感受到思维中的错误，与他人的疏远与反抗，甚至会让我们产生一种服务于自我的感动："我要点醒他，这都是为了他好。"

但无论我们如何对嫉妒心与憎恨进行美化，都无法改变其恶毒的本质，西格蒙德·弗洛伊德将"超我"作为精神结构中的最后发展部分。所谓的超我，是社会道德所形成的约束，是社会价值观与价值准则的结合，由父母的传递得来。如果父母在传递过程中产生偏差，如果父母过度地表现出属于自己的嫉妒心，那么作为孩子的我们，则会在习得过程中产生缺陷。

这种缺陷可能是理想自我的缺失，使我们无法体会到骄傲与自豪的感觉；也可能是良心谴责的缺失，使我们无法体会到负罪感与自责感。我们的负罪感与自责感，可以使我们在独处时反思自己由憎恨形成的攻击行为，但我们却没有感知到，或是被强烈的嫉妒所蒙蔽，为自己找到了合理化解释。

我们如何印证自己是否处于嫉妒之中？方法很简单，身边的朋友获得成功时，我们的第一感受便是由我们最根本的思维惯性所导出的。如果我们的第一感受是不适、嫉妒，那么我们则要开始沉重地反思。这个过程虽然会很痛苦，会让我们充满羞愧与后悔，但这却是我们重新认识自己的根本之道。

虚幻心：警惕虚假的美好

物质世界又称客观世界，它不依赖人类的意识而存在，却可以决定我们的意识。人类在物质世界生存，往往面临不可控的伤害，这种伤害多是来自求而不得，或是避而不及。或许正是物质世界有着太多的求而不得与避而不及，我们的意识也为自我量身打造了一个意识世界。

在意识世界中，我们得以重新模拟在物质世界所面临的场景，改写我们所处的艰难境地，甚至满足我们想要的一切幻想。通过意识世界，我们可以排解、舒缓在物质世界中所积攒的压力，并通过改写使我们提前感知到未来成功的喜悦，从而重拾前进的动力。

在静谧的夜晚，躺在床上闭上眼睛，让视觉与听觉得以休息，但大脑却仍在飞速地运转，白天的一幕幕快速闪回，我们从中找出令我们痛苦的一切，然后在意识世界中改变它们，这是一个多么令人开心的世界。意识世界是美好的，它可以随着我们的思维而产生改变，我们对其有着百分之百的掌控，甚至可以说它是完美的。但意识世界并不仅仅局限于意识，它所代表的一切美好，最终会延伸至我们的物质世界中，那时我们才能发现，意识世界的美好不过是虚幻的、虚假的。

我曾经因故不得不在公司加班，在走出办公室时已是晚上10点，却意外地发现一名员工仍在加班，我朝他点了一下头，互道再见，便走出了公司。在回家的路上，我在想是否是部门领导为其安排了过多的工作量，这是否意味着部门内存在着资源分配和工作分配的不合理现象？

我怀着满腹疑问睡去，待到第二天上班时，将其部门经理叫到跟前，问起这名员工加班的原因。但部门经理的回答却让我很是意外，这名员工加班，并非由于工作过于繁重，而是他每天都习惯性地加班到10点。在他的领导看来，他显然是为了更好地表现自己。

我不得不思考一名员工为了表现自己，每天加班到10点，到底是给企业带来了利益，还是损失了利益。公司由于他的存在，要承担一定的风险，还要付出额外的费用，而他这种无意义的加班，又为企业带来了什么呢？

现实生活中这样的人有许多，无意义的加班不过是出于对自己竞争力缺失的安慰性补充，通过这种辅助的、恶意的竞争方式，寄希望于通过蒙蔽来获得认可，这显然是企业无法接受的行为。但他们又为何要这么做？这正是意识世界向物质世界的延伸。

　　完美的意识世界，让我们预先体验了许多成功后的场景，而这种场景中包含的尊重或是物质，都转化为我们对物质世界的期望与希冀，我们由此便有了强烈的目标导向。但意识世界中的一切幻想想要在物质世界得到实现，却是困难、曲折甚至是毫无希望的，毕竟幻想之所以存在，在于我们在物质世界中很难得到。

　　这位加班的员工，当然希望获得青睐与成功，但受限于眼界、学识与能力等多种因素，他并没有获取到正确的实现方式。于是他采取了最为方便、快捷的方式，通过欺骗行为在极少付出的情况下，获得足够的利益，这正如在意识世界之中那样。但我并不认为他不知道这种行为无法使他实现目标，或许这种行为所带来的情感慰藉，这种行为所产生的希望，才是他想要的。

　　我们的内心世界是复杂且布满冲突的，很多时候我们都知道想要实现目标的最佳路径，但那条道路上必然是布满荆棘的。踏上那条最佳的道路，则意味着我们不得不时刻坚守初心，远离那些舒适与享乐，对许多人来说都是一个艰难的决定。

　　社会心理学家 L. 费斯廷格在 1957 年提出了"社会认知论"，指的是我们每个人都在努力地使自己的内心世界没有矛盾。当我们的意识世界开始影响到我们的物质世界时，我们都将通过一些行为来使两者从失衡的状态解脱，重新恢复平衡。

　　而想要恢复平衡，则意味着我们可以降低意识世界中欲望的强度，也可以通过努力来提升目标的可实现性。每个人在意识世界中都有着欲望的存在。有的人将其转化为驱动力，则是来源于其很好地平衡了两者的关系，使两者没有出现较大的差异。但更多的人却无法摆脱虚幻世界的影响，他们既无力降低自己的欲望，也不愿在物质世界中表现出符合自己欲望的努力程度。

这无疑会产生巨大的压力，黑夜与白天的每一次轮转，都会使其感受到巨大差异的存在。心理学家、精神分析学派的代表人物费尔贝恩认为，巨大的压力（外界惩罚）会使人产生自我防御机制。许多人在这种压力之下，为了平衡自身认知，出现了"攻击自身"的行为。正如那位加班的员工一般，他知道这种无意义的加班显然会导致领导评价的下降、同事的厌恶，但他仍选择如此行事，因为他需要这种"攻击自身"的行为来排解自己的压力。

许多人之所以上班时频频迟到，并非对时间不敏感，迟到的深层心理因素在于利用迟到行为来"攻击自身"。迟到会使他受到金钱上的惩罚，也会降低自己在他人心中的评价，显然是百害而无一利的。但社会评价的降低，对他来说却有助于帮助自己重新平衡认知，通过迟到他可以告诉自己："我之所以无法实现意识世界中的目标，是因为我经常迟到。"

"攻击自身"便是降低自我评价的一种方式，这既可以降低对虚幻世界、自我能力、家庭关系的期待，以缓解自身的压力与焦虑感，也可以为无法实现的目标提供一个借口。因此那位加班到10点的员工，必然是公司中最为痛苦的一个人。

通过"攻击自身"的行为从压力与焦虑中得到解脱，只会造成更加恶劣与严重的后果。我们在意识世界中的幻想，使我们产生了全能感，我们认为自己可以实现任何目标，但这些目标真的具有可实现性吗？

欲望之所以成为欲望，在于其本就是难以实现的稀缺事物，如果我们想要获得它，它便会伤害我们。如果我们接纳这种求而不得，我们反而不会产生痛苦。

自我服务：有选择性的记忆保留

人类对大脑的探寻从未停止，虽然在近些年依靠社会各类技术的发展，我们对大脑的认知有了长足的进步，但我们仍无法百分之百地解构大脑，甚至我们在面对具有近千亿神经元的大脑，惊叹于大自然造物的神奇时只能不断地探索，而无法生出想要掌控它的欲望。

大脑储藏着我们的一切认知，主导着我们机体的一切活动，掌管着我们的一切思维。它精妙且复杂，通过记忆使我们可以在认知事物后形成经验，以便于我们未来进行再认或是再现。

但大脑并无法像计算机那样存储我们的所有认知，并在未来我们进行再认或是再现时，清晰无误地将其呈现在我们眼前。很多时候，大脑对记忆的回放过程，并非如一名客观的观察者一般忠实、客观地呈现，而是根据我们自身的心理活动对记忆进行有利于我们的修改，使其服务于我们自身。

这种自我服务式的记忆调取，虽然可以使我们免受记忆与现实之间冲突导致的认知失调，却会使我们的记忆产生偏差，无法认清事物的真相。很多时候这种记忆的偏差，会使我们坚定不移地执行错误的行为，从而使我们的工作、人际关系都面临威胁。

当刚刚踏入社会不久时，我在一家企业以主管的身份带领着两位员工，领导有意考察我的能力，便安排我在一场重要的决策会议上进行工作汇报与讲解。这对我来说是一次挑战也是一次机会，如果我在高管环绕的会议中表现出色，显然会使我获得足够的曝光度，从而使更多的领导关注、认识到我。

为此，我与这两位员工在接下来的时间中严谨地重新校核了数据，并对现场可能出现的问题、疑惑进行了详尽的准备。但在会议开始的前一天，我们却无法找到之前所准备的图式与样板，而此时我们已经到达了千里之外的总部。

失去图式与样板，显然会使我在会议中的表现大打折扣，而此时我的两位员工却开始了互相推卸与指责。双方都认为自己将图式与样板交给了对方，但双方都不认为自己有接收过。为此双方产生了激烈的争吵，都怪罪于对方的失误，即使我极力地缓和也无济于事，最终我则是硬着头皮完成了那次会议上的汇报与解答，所幸最终的结果较为圆满。

在回去的路上，两位员工仍在为这件事耿耿于怀，皆认为对方为了逃避责任选择了诬赖自己，双方都可以描述出自己是如何将东西交给对方，对方又是如何收下的场景。真相很快便可以随着我们回到公司而得以大白，因为监控会忠实地记录这一切。但监控最终所显示的画面是，双方均没有将物品交给对方，图式与样板一直静静地躺在我的办公桌上。

哈佛大学著名的心理学教授丹尼尔·夏克特指出，我们的记忆并不可靠，它无法使我们记住所有的细节，许多之前并未发生的事物，也会成为我们的记忆。受限于我们生活中巨量的信息与大脑的极限，我们并无法精准地对场景、行为进行记忆，甚至我们会将一些"并不存在"的记忆认定是真实的。

两位员工互相争吵的过程中，都认为自己明确地将物品进行了移交，但实际上双方都没有经手这件物品。双方出于对责任的恐惧而对本不存在的责任进行了转移，但这种转移显然是违背社会道德的。因此双方的大脑，为了使自己在脱离这种恐惧的同时，不使自己受到道德的谴责，便帮助其虚构了一段记忆，以满足心理的需求。

我们不妨来思考一个问题，如果一个人获得了永生的机会，那么在他漫长生命中所积累的经验、学识与能力，是否意味着他可以引领每一个时代的发展？或者说是否意味着他可以成为全世界最为"博学"的人？我们的第一直觉，往往会认为理应如此，毕竟他见证了每一个时代的发展，并在漫长的生命中具有足够的时间去进行学习与记忆。

但实际上却并非如此，我们的大部分记忆在没有频繁调用的情况下，会随着时间的流逝而逐渐剥落，我们很难回忆起自己孩童时期的所有细节，我们只能记忆那些令人印象深刻、回味悠长的事件。但即使是我们所选择的这些记忆，也无法像是情景再现一般清晰地呈现，我们只能记住其中最为强烈、最具有感染力的画面。

英国著名实验心理学家唐纳德·布罗德本特提到，在大脑进行信息加工时，我们会忽略大量的无关信息，然后选择性地进行记忆。我们对记忆不具备清晰、客观、分毫不差的再现能力，也就意味着我们的记忆之中存在着大量的模糊地带。我们在调用记忆时，会根据我们的心理需要而对记忆进行修改，甚至是进行虚构。

记忆的模糊性，使得我们可以在自身无法察觉的情况下，对记忆进行修改或是重构，而修改与重构的原则与方向，则是根据我们的心理需求进行加工的。心理随着我们的自身与环境而不断变化，这意味着在不同环境之下，我们在进行回忆时，记忆会表现出不同的样子。

我们在痛苦时回忆父母，则可能会浮现出父母严厉或是温情的一面，这取决于我们是希望自我攻击，还是希望自我安慰。我们在工作中回忆同事，则会浮现出同事善意或是恶意的一面，这取决于我们想要如何对待同事。

我们的记忆是具有选择性的，并随着心理而不断变换与重构，当我们依靠回忆进行决策时，则会受我们心理的影响而产生不同的倾向。在愤怒时决策与在愉快时决策，也会出现不同的选择。

当进行重大的决策时，我们需要尽可能地屏蔽心理的影响，不让记忆为自我服务，而是为事实服务，这意味着我们需要一个静谧的环境、一个平稳的心态。

我们不要成为情绪的奴隶。

极端利己：积极归因与双重标准

我们可以淡然地看待他人的错误，前提是他人的错误并未对我们产生影响，一旦他人的错误使我们的利益受损，那么很少有人愿意为他人的错误买单。当然，如果是我们的错误对他人造成了负面的影响，相信大部分人也会产生深深的愧疚之情，并倾尽全力地想要弥补过错，从而使自己的人际关系不会因此受损。

很多时候，我们可以淡然地接受自己的错误，却很难接受自己的错误对他人造成影响的结果。而正是这种由错误所引起的愧疚感，使人与人之间得以愉快地相处，毕竟如果我们不在乎对他人造成的影响，那么人与人之间就很难建立起信任感，现代文明的规则与守序，自然也就无从谈起了。

虽然很多人都会由于自身错误给他人造成负面影响而感到愧疚，但并不代表着社会中的所有人均是如此。在社会之中有一小部分人，在因他人错误自身利益受损时同样会表现出愤怒与不满。而当角色互换，因自己的错误而对他人造成负面影响时，他们却并不会为之感到愧疚，相反，他们会很淡然地、轻描淡写地将过错一笔带过。

对他人的错误斤斤计较，对自己的错误淡然处之，这显然是一种根据个人喜好、利益等多种原因所形成的双重标准。虽然双重标准本身不具备善恶之分，但如果一个人之所以产生双重标准，是为了更好地获取利益，是出自利己的影响，那么他所表现出的"利己型双重标准"，必然会遭到厌恶，也应该是被众人所抵制的行为。

我在做管理咨询时，曾参与到许多会议中，企业管理团队经常会由于利益的分配问题而产生激烈的争执。每个人都想要尽可能地为自身争取利益，这并非一件难以接受的事情，因为每个人都希望保护好自身的利益，而企业的决策本身便需要去平衡各方利益，以求工作更好地展开与进行。

但还有一部分抱有"利己型双重标准"的管理者，不仅反对那些损害到自身利益的决策，甚至反对那些没有惠及自身的决策。他们以文化导向、数据支撑等多种方法，全力反对那些合理的决策。这意味着企业的其他部门不得不分出更多的利益与资源，而这些额外的利益与资源并非来自"利己型双重标准"的工作表现，而是来自其突破道德底线的竞争方式。

道德是社会的重要意识形态之一，由社会整体的善恶观、价值观所形成的道德准则，通过社会舆论进行传递与控制，从而使大家在遵守基本约定的前提下，展开更加深入的合作。正如希腊哲学家、智慧派主要代表人物普罗泰格所认为的，道德是后天经由引导形成的，是群体为了构建一种和谐有效的合作模式而构建的规则。

这种"利己型双重标准"的行为，显然违反了道德的约束，也不免引起他人的唾弃、厌恶与不屑。这种来自社会舆论的压力，相信每个人都可以感知到，但为何这种压力并没有阻止他们这种突破道德底线的行为？

我们的世界观决定了我们以什么样的角度看待世界，代表着我们对这个世界最基本的看法与观点。世界观将随着我们的人生阅历与成长而不断变化，我们每个人都具有世界观，但并非每个人都具有稳固的世界观。稳固的世界观意味着我们已经具备一种有效、合理的方法、角度去看待这个世界，我们对这个世界中事物的看法与判断是一贯以之的。

根据普·阿·兰德斯曼与优·费·索格曼诺夫的观点，道德意识是具有世界观基础的。而对于"利己型双重标准"的个体来说，他们的世界观并未稳固，他们可以随时根据利益的导向来切换自己的世界观，从而使自己不必遭受道德谴责。来自社会舆论的负面评价，在其看来不过是一种正常的嫉妒行为。

甚至他们可以通过归因风格，来使自己更加确信所获得的利益并非来自突破了道德底线的不正当竞争，而是来自自身的能力。美国心理学家F.海德提出了归因的理念，所谓归因，便是我们对自身或他人行为进行推理的过程。

我们可以将归因大致分为积极与消极两种风格，具备积极归因风格的个体，往往会将积极的评价或是成果，归因为内部、稳定、可控的，这使他们可以具有更为强烈的自信心，但同时也产生了自大的负面影响。而消极归因的个体，则将那些积极的评价或是成功，归因为外部、不稳定、不可控的，这虽然使他们容易陷入自卑之中，但同时也使他们更加谨慎地进行决策。

对于"利己型双重标准"的个体来说，其所获得的利益往往会被归为内因之中，也就是认定这些利益是其凭借自身的能力所得来的。而对于社会的舆论与道德谴责，则会被归因为外因之中，认为这是来自外界的误解、嫉妒。因此社会道德并未对"利己型双重标准"的个体形成约束，在他看来自己的错误是由外部不可控因素导致的，理应获得原谅；而他人的错误，则是由于能力太差、主观恶意等因素，理应遭到惩戒。

不同的归因风格，会使我们在社会中表现出不同的行为模式，当我们清晰地知道自己属于哪种归因风格，则可以很好地认识到自己的思维倾向性。而当我们得知了自己的思维倾向性，则可以有选择地、主观地进行扭转，从而使自己的思维、判断更加精准，而不受归因风格左右。

那么我们如何判断自己属于哪种归因风格？最好的方法便是各找50个正面、负面的形容词，然后快速、不经思考地选出那些与我们最为贴切的形容词，之后我们便可以得出自己的归因风格。

当消极的形容词多于积极的，我们便是消极的归因风格；当积极的形容词多于消极的，我们便是积极的归因风格。

评价恐惧：评价导致的相对剥夺

不同的地区在不同的位置、气候、选择、历史的影响下，形成了不同的文化特质。虽然不同的文化具有较大的差别，但在相邻较近的地区中，往往会具有一定的趋同性，表现出相似的底层文化。

相较于西方文化来说，我们东方文化受儒家思想中"和"的影响较深，因此表现出更加倾向于集体利益的文化理念。"和"可以称为儒家思想的精髓："和者，天地之正道也。"在儒家看来，世间芸芸众生的因缘和合，总要追求一个"和"字。也就是在复杂的事物之间把握平衡，通过协调各方利益，把握各方平衡，最终使万物得以和谐。

在文化模仿的影响下，我们的行为方式也在倾向于服从集体利益，而对集体利益的服从性的判断，则取决于集体对我们进行的评价。我们担忧处于同一集体之中的他人对我们进行负面评价，因为在我们的认知中我们希望获得集体的认可，而他人对我们的负面评价，很容易使我们的认知与现实之间产生冲突，从而导致我们陷入认知失调之中。

对负面评价持有担忧或是恐惧的态度，是一种很正常的心理活动，我们大部分人都会在某些场景、时刻中体会到这种感觉。道家主张"不损伤"，认为万物过犹不及，许多人因为长时间、过度的担忧或恐惧，而陷入评价恐惧之中。

长时间的高强度工作，随着项目的平稳落地而得以结束，部门中的员工也因此获得了难能可贵的休息时间。每逢项目结束，依照惯例我都会对团队人员进行一次梳理与奖惩，以更好地激励那些在项目中做出卓越表现的员工，提醒甚至淘汰那些无法胜任部门工作的员工。

在会议上，当我重新梳理、总结整个项目的过程时，不可避免地对一些员工进行了警示或是批评。在众目睽睽之下遭到负面评价，没有人可以淡然处之，他们均表露出了羞愧的神情。我一向不愿意对员工进行过多的批评行为，因为员工的自尊通常比我们想象的更脆弱一些。

于是我很快便跳到对员工的积极评价环节，博超在本次项目中一反常态地表现出了足够的积极性，也让我看到他能力上的快速成长和出色的工作成果，于是表扬、奖金、鼓励也就理所应当了。但受到积极评价的博超，却并没有表现出如他人一般的欣喜，反而一再地推脱本该属于他的功劳。

我本以为这是谦虚，但随着他的眼神中逐渐流露出祈求，我也便只能跳过了过程，快速地结束了对他的公开表扬。对负面评价的抗拒，可以被人所理解，但对积极评价的拒绝，却不免让人有些疑惑。毕竟积极评价可以增进个人的自我效能感，使得其在未来具有更大的努力动力，而对积极评价的拒绝，显然是一种有损于自身的行为。

我们大部分有损自身的行为，都是基于内心深处心理动机的自我主动选择，我不难想出几种可能性。或许是他担忧于过多的积极评价会使他站在风口浪尖之上，被同事过度地高估，甚至因为嫉妒而引起同事的打压。

也有可能是我对他的积极评价，使他感受到一种来自操作条件反射的不适感，我对他的积极肯定，在他看来可能会是一种地位控制的方式，从而使他产生一种束缚感。正如美国行为主义心理学家斯金纳认为，奖赏（赞美）实际上是一种对他人的操纵行为，那么他对积极评价的拒绝，便是对我们两者之间地位的控制。

但经过后来我们与他的深入沟通发现，他对积极评价的拒绝，并非来自担忧同事嫉妒或是认为这是我的一种操纵行为。实际上他之所以拒绝积极的评价，在于他认为这些评价对他来说是受之有愧的。我评价中的积极、成功、努力、成长，在他看来确实存在，但并无法与团队中最为出色的人相提并论，因此他并不认为这些特质是值得夸赞的。

我们很难理性、清晰地知道自己在某方面的能力是否足够出色，因此我们通常会通过对比来确认自己所处的位置。于是我们将自己的某些特质与某种标准或是参照物，甚至是过去的自己进行比对，从而根据比对的结果，来确定自己的真实情况。

在这个比对的过程中，如果我们发现自己处于劣势之中，则会由于我们本可以达到却未能达到而产生"相对剥夺感"。我们认为自己本可以达到优势，却处于劣势之中，则不免怨恨于我们所选择的对比物，我们认为是对方"剥夺"了我们的优势，这不免使我们感到愤怒、不满与嫉妒。

博超确实在许多方面无法与团队中最为出色的人相比，但从综合能力角度来看，他有着稳定、出色的发挥，也理应受到积极的评价。博超希望自己可以在各个方面超越团队中所有的同事，这显然是不现实的，因为每个人都有着独特的工作能力与表现特质，甚至一个团队的组成，本就是对不同能力的个体进行聚合所形成的。

我们可以和他人比较，甚至说这是我们对自我认知的一个重要手段，但我们所比较的对象，则决定了我们所产生的感受。我们可以上行比较，将那些比我们出色许多的人设为参照物，然后遭受碾压，从而自尊心受挫；也可以下行比较，将那些比我们逊色许多的人设为参照物，然后增加自尊，却最终使我们自大。

我们应该如何与他人比较才能获得最为正确、理性、客观的自我评价，才能正视评价，不再担忧于评价所带来的负面影响呢？最好的办法便是用我们赖以为生并引以为豪的特质与他人相比，而非将自己的每个特质，都与最为出色的人相比。

瓶颈焦虑：瓶颈导致的盲目探寻

世间很多事物浅薄的表象下有着复杂的本质，当我们看向自己所不熟悉的事物时，往往无法感知到其复杂的一面。当我们尝试去掌握一种技能，了解一个行业或是探寻一件事物的本质时，我们是乐观的。

当我们开始尝试去掌握一项技能时，很快我们便可以掌握这项技能的一部分知识，这部分知识使我们可以与他人进行吹嘘或是交流。但这世上的许多知识，都是由浅入深的，我们可以快速掌握这项技能，但我们却很难更加精进，成为众多掌握者中最为出彩的那一部分人之一。

但对于许多人来说，他们并不认为自己对技能的掌握水平处于基础的段位，反而会认为自己天赋异禀，只需付出不及他人十分之一的时间，便可以获得与他人相同的技能水平。可惜的是，事实上他们并没有天赋异禀，而是在不自觉间进入了愚昧之巅。

所谓愚昧之巅，来自"达克效应"中所述的一个阶段，指的是个体错误地认知自己的能力，并且在错误的认知上做出自以为正确的错误结论或是选择。他们沉浸在经由自我营造的虚假世界之中，在不断高估自己能力水平的同时，也对他人的能力进行着低估的评价。

可以说在现实世界中，许多人都沉浸在专属于自己的愚昧之巅中沾沾自喜，却无法意识到自己已经身处谬误之中。而之所以会陷入这种谬误之中，在于深层的知识或是能力，往往是具有稀缺性与准入门槛的。正如许多画家一般，之所以可以成为画家，在于其对细节的把控，而许多绘画爱好者对细节的把控却没有足够精进，或是根本无法感知到更多的绘画细节。

我们通过各种途径去学习知识，在实践中将知识转化为经验，从而具备一项技能，这个过程我们每个人都可以完成。但将知识进一步整理，将技能进一步精进，从而形成专属于自我的感悟，并在未来的生活中不断进行优化，才能使我们成为某个技能领域的专家。

在企业管理的过程中，我见过许多有着一定天赋的年轻人，他们在步入职场后，可以快速地学习、掌握一项技能。但可惜的是，最终他们往往止步于掌握，却没有对这项技能改进与优化的能力。

企业参与到市场交换获取利润的过程，是由掌握有不同技能的个体通力协作所实现的，在部门中也是如此。很多时候每个人都有着独有的技能，但正是这种技能的独有，使许多人在掌握技能后，由于失去了参照物，而止步不前。

甚至，许多人会疑惑于自己明明有着独特的能力，并且在自我感知中自己的能力已经属于顶尖水平，企业却不提拔自己。这种思想之下，许多年轻人更加偏离正确路径，他们开始探寻企业是否存在"内幕"，开始去寻找那些"不能说的秘密"。但他们所探寻的，可能本就是不存在的。

当我们站在愚昧之巅时，自身的能力并没有过于出色，但我们却认为自己足够出色，从而产生了志骄意满的自傲。许多人终其一生都无法意识到自己的位置，一生都在寻找那些阻碍他们晋升、实现目标的"内幕"，最终在愤怒与不满中，为人生画上一个并不圆满的句号。

实际上，我们并非从来没有意识到自己能力上的缺失，我们每个人站在愚昧之巅时，都尝试过要突破自己。但突破是一件困难的事，它是需要长时间积累才能换来的厚积薄发，许多人便在这个过程中，陷入瓶颈焦虑之中。

我们每个人在生活中都会遭遇瓶颈，而不同的处理方式会深刻地影响到我们人生的走向。有的人在面对难以突破的瓶颈时，为了平衡自我认知，便将目光投向"内幕"之中。他们为自己的无力找到了一个理由，由此也就可以不再产生难以突破瓶颈的焦虑，即使事实不断地提醒自己，正如古斯塔夫·庞勒在书中所写到的那样："面对那些不合口味的证据，他们会充耳不闻，凡是能向他们提供幻觉的，都可以很容易地成为他们的主人。"

所幸的是，还有一部分人可以在一次重大的打击或是一次次的自省中，获得顿悟的机会，从而进入开悟之坡。他们得以突破那层瓶颈，开始进入一个全新的世界之中，虽然这会使他们的自尊心降到最低，但他们却拥有了更为广阔的天地，他们也拥有了继续冲击下一个瓶颈的机会，这也使他们具有了成为名人、专家的可能。

从愚昧之巅到开悟之坡的过程，可以淘汰这世间的许多人，而如果一个人想要实现自己的目标，想要获得自己想要的生活，或者说想在一个领域之中获得赞美与认同，那么从愚昧之巅跨越到开悟之坡，则是他们的人生必须经历的，也是需要不断经历的过程。

愚昧之巅与开悟之坡，中间的阻碍便是我们能否接触到更为广阔的世界，或者说我们是否愿意接触到更为广阔的世界。向同领域优秀的人学习，与同领域的人才交流，让现实不断冲击我们的认知，让现实不断打击我们的自信，是最为有效的跨越方式。

但接受冲击之前，我们都需要做出一个选择，那便是我们是在虚假的巅峰迎接蹉跎的人生，还是在真实的低谷期盼未来的上升。不同的选择，决定了我们是先甜后苦，还是先苦后甜。

这并非一次选择，我们一生之中将要经历无数次的瓶颈，度过开悟之坡后可能又是新的愚昧之巅，这意味着我们可以随时改变自己的选择，也意味着我们在无处次选择之中，必须坚守自己的正确选择。

自我退行："内在小孩"带来的"冻龄"

我们的年龄意味着什么？或许我们的年龄仅仅是在忠实地记录着我们生命的长度，而不蕴含其他任何意义。但世间许多事物的意义，本来便是由人类所赋予的，而与每个人都相关的年龄，自然也被人类赋予了许多含义。

人们通常赋予年龄学识、阅历、眼界的含义，并坚定地认为随着年龄的增长，人们便会获得更高的学识、阅历与眼界。相应地，一个年轻人，即使他再饱读诗书，表现得再为出色与优秀，也时常由于年龄而不被认同。

诚然，年龄的增长意味着我们在这个世界中生活了更长的时间，而更长的时间则意味着我们有着更多了解这个世界的机会。但每个人的自律、悟性、选择不同，使得每个人的成长速度也大不相同。这不禁让我想起罗曼·罗兰在《约翰·克利斯朵夫》中描述的那样："大半的人在二十岁或三十岁上就死了。一过这个年龄，他们只变成了自己的影子，以后的生命不过是用来模仿自己。"

如果我们对他人进行判断的标准是年龄，那么我们不免陷入年龄谬误之中，使我们的判断产生偏差。年龄并不会使每个人获得均匀的成长，许多人在年少成名后便认为自己已经适应了社会，便停止了成长；或是在遭受巨大打击后，不断地逃避与拒绝，也便停止了成长。许多人在某一个年龄时，便因此"冻龄"。

每个人都有可能在人生的某一刻遭受巨大的挫折，但好在社会早已磨炼出我们应对挫折的能力，这使得我们可以面对挑战、越过挫折。但有一部分不幸的人，却会被挫折所打败，开始停止成长，进入"冻龄"之中。

我们每个人在世界中生活，都会为自己设立许多目标，而目标则是服务于我们未来的梦想，也就是我们想要住在什么样的房子之中，想要获得什么样的伴侣，想要获得什么样的生活。我们的这些梦想，构成了我们的可能自我。

我们想象中的自我，往往是美好、优秀且快乐的，我们也坚信自己最终可以实现这些目标，但这种坚信，不过是想象之中的。当我们诚实地面对自己时，可以清晰地感受到，我们的目标与梦想可能是永远都无法实现的。

甚至，许多人的目标本就并非自己真正想要的，而是建立在一个特殊场景、情绪之下，受社会、父母、规则与道德影响所产生的欲望。当我们诚实地面对自己时，我们的可能自我与现实自我之间，便产生了无法调和的冲突。

前几年我的一名员工找到我，表示想要升职，他提出如果业绩可以达到现在的两倍，便请我将其提成也提高5%。我很欣赏他的勇气，但又疑惑于他是否遇到了困难，于是他向我描述了一幅美好的画卷，画面中的内容，便是他与他的女友未来结婚后的生活。

但业绩提升两倍又谈何容易，不过为了不打击他的自信心，我还是答应了他的请求。起初他的积极性明显提高，但没过多久，他便消沉了下来。而原因则是，他低估了他需要付出的努力，也高估了那幅画卷的美好程度。

他并不具备实现那幅画卷的能力，甚至他自己都不知道自己是否真正地想要去实现它，他的可能自我与真实自我也就陷入了冲突之中。这种冲突，使他的工作表现远不如从前，没过多久，他便离开了公司，而这并非他的解决方法，只是他的逃避方式。

在认知冲突之下，许多人都会如他一般，由于压力、焦虑等负性情绪的影响，从而产生了逃避的行为。但我们不断成长的目的，便是更好地适应社会，使自己不会在面对困难时选择逃避。

实际上，这种逃避行为是一种心理防卫机制，表现为退行。在精神分析学派创始人西格蒙德·弗洛伊德看来，退行便是一个人在面对挫折时，放弃了成熟、理性的应对技巧或方式，选择以最原始、最幼稚的方式面对挫折。

心理防卫机制使我们的应对方式由成年转变为幼年，这无疑使我们的成长停滞，同时意味着我们不仅产生了"冻龄"，还出现了退行。我们的年龄不仅没有给我们带来更多的学识、阅历与眼界，反而使我们回到了幼年时期。那么，为何我们在面对挫折时，心理防卫机制会使我们回到幼年时期，我们是否在寻找着什么？

在美国人本主义哲学家艾瑞克·弗洛姆看来，如果一个人在成长过程中缺失了一些成长的必需品，那么其在成年之后，会终其一生、不计成本与后果地寻找。我们之所以在面对挫折时产生"冻龄"与退行，在于挫折带给我们恐惧，我们希望找到一个安全的地带。

但成年后我们很难感受到安全，因为我们不得不承担生活的重负与随时可能出现的危机。而我们的幼年时期，却是处于一种稳定、安全的状态。在幼年时期，我们可以做任何决定，我们可以不顾他人目光放肆地哭、放肆地笑，即使产生了不良的后果，我们也可以寻求家庭的庇护。

但或许正是这种来自家庭的庇护，使我们的心理没有获得足够的成长，使我们的"内在小孩"敏感而脆弱。我们在成年后失去了安全感，世界在我们看来是无序且混乱的，我们不清楚自己决策的结果，更不知道自己的可能自我与真实自我为何会产生冲突。未知，便是成年人的恐惧。

我们敏感且脆弱的"内在小孩"，使我们在面临挫折时产生"冻龄"与退行，我们的一生便埋葬在逃避、自责与冲突之中，被社会不断地拉扯，直至失去最后一丝力量。但没有人想要一生如此度过，即使是再为敏感且脆弱的"内在小孩"，也会想要改变。

　　但这种改变注定是痛苦的，因为唯一改变的方式，便是我们发自内心地抛弃家庭所带来的安全感。我们只有将自己置于没有退路的境地，才能真正磨炼我们自身，才能为自己构建一个舒适、安全的"家"。

　　这个过程是痛苦的，但所幸只是短暂的痛苦，随着越来越多的磨炼，我们的"内在小孩"也在不断成长。直至周身布满社会伤痕所带来的"茧"，我们也终将重新成长。

第6章

情绪认知

第6章

与焦虑和解

我们的人生充满了不确定性，我们无法预测未来的自己能否按照想要的方式生活，这种不确定性，随着世界的飞速变化而愈加强烈。我们当下所信奉的真理、所秉持的信念，都随着世界本身而变化。

这个时代，每个人都得以见识到更为广阔的世界，每个人都被更多的欲望所吸引。我们想拥有更好的生活，但内心深处，我们甚至无法知道自己能否保持现有的生活状态。我们无时无刻不在担忧着自己的前途与命运。

我们着急、烦恼、担忧、挂念、不安、紧张甚至是恐慌，所有这些负面情绪，都来自我们的焦虑。这种焦虑并非来自对现实的理性看待，它并非伴随挫折而来，而是伴随我们的呼吸而来。我们每天与焦虑一起生活，我们担忧于迟到，担忧于给他人留下坏的印象，我们每进行一次思考、每进行一项行动，焦虑便使我们陷入负面的情绪之中。

我们在顺境中焦虑，焦虑着我们未来如何保持这种顺境，又如何去应对逆境；我们也在逆境中焦虑，焦虑我们如何改变这种逆境，如何去创造顺境。我们每天大量的精力被消耗在焦虑带来的负面情绪之中，我们每天进行着大量的无意义思考。

焦虑使我们痛苦，更使我们丧失了许多的机会与时间，但我们或许永远无法消除焦虑，因为焦虑本就是人类情绪中的一部分。适当的焦虑，有助于引导我们对事物做出迅速的反应，迫使我们去未雨绸缪地做好准备，以便应对未来的变化或是事态的恶化，从而使我们更好地度过一生。

我们无法消弭焦虑，但过度的焦虑却在对我们造成严重的负面影响，所幸的是，我们从来都不需要消弭焦虑。我们只需要让它保持在我们可以接受的合理范围之内，逃离它所带来的负面影响，让其为我们所用，为我们提供更多的动力。

情绪来自我们对外界事物的反应，但我们的情绪并非是对外界事物的直接反应，而是经过我们的思维加工后所产生的结果。这也是为何面对相同的事物，不同的人却会做出不同的反应。哪怕是对职场人来说最为美好的加薪，也无法受所有人的喜爱，反而有人会担忧于加薪是否会带来评价标准的提升，而产生焦虑。

我们对事物的评价、解读方式，决定了我们看待事物本质、变化时所产生的情绪，也就意味着我们许多时候所产生的焦虑，来自我们的思维加工方式。许多陷入恋爱中的男女，出于对爱情的渴望，会格外关注对方的行为，并希望通过行为来解读出对方的态度。

节日时对方没有赠予我们礼物，或是对方接电话太慢，都会使我们担忧对方是否不够喜欢我们，或是根本就不在乎我们。因为我们太过于注重对方的态度，从而使我们的思维过程倾向于负面的解读，导致自己陷入焦虑之中。

但如果我们在思考的过程中，倾向于正面的解读方式，比如对方或许是太忙了才忘记了礼物，对方可能是为了给我们一个惊喜，对方是否手机没有放在身边。当我们倾向于正面解读时，焦虑便会得到减轻，也便无须再考虑自己是否还要送给对方礼物，或是自己下次是否也要不接电话来"回敬"对方。

很多时候，我们的焦虑带来了新的焦虑。当一件复杂的工作使我们陷入焦虑之中，我们担忧于工作无法完成所带来的"恶果"时，我们的大部分精力也便消耗其中。甚至我们可能从一件工作的"恶果"，联想到我们的交际过程、职业生涯，甚至是整个人生中的类似事物，最终使我们的思维过程被焦虑所占据。

面对这种纷杂的负面情绪，我们的传统文化中一直有着一种有效的解决方法，就是打破"我执"。

我们在生活中的许多行为，出自自我的视角，来自思考之后的结果，但许多时候，我们的思考过程是充满情绪化的惯性思考。在这种情绪化的惯性思考过程中，我们并无法意识到自己思维中的错误，我们便是"我"，而我们也执着于"我"。

但想要摆脱焦虑，则需要我们打破"我执"，也就是以第三者的角度来看待自己，理性地去观察自己行为背后的思维过程，这也是西方哲学中所说的"我是我的观察者"。当我们面对工作难题而产生焦虑时，我们要思索"我"为什么会感到焦虑，是出于担忧吗？我又为什么会感到担忧，是因为我最近表现得不好吗？我最近又为什么会表现得不好，是因为我松懈了吗？我又为什么会感到松懈，是因为我骄傲自满了吗？

这种对自我的追问方式，实际上类似于"苏格拉底式提问"，在现代营销学中也被称作"5 Why 分析法"，也就是我们对一个问题点连续自问 5 个为什么，从而找到引起我们焦虑的根本原因。

我们会对许多问题、挫折或是事物产生焦虑，这似乎意味着我们的人生充满了各种问题。但实际上当我们对纷杂烦扰的焦虑进行抽丝剥茧式的追问时，最终我们会找到所有焦虑的源头，而只要我们找到了源头，我们便可以一劳永逸地消除大部分焦虑，使焦虑回归到合理的水平。

这也是我们传统文化中所说的"一法通，万法通"。

原生家庭并没有毁掉你

原生家庭这个概念，近些年来一直被大众所关注，受累于曾经的教育理念与物质匮乏，许多人在成长过程中没有得到良好引导，从而成年后一直试图弥补，找回自己年少时所缺失的一部分。

成年后不计成本与后果寻找年少时成长的必需品，这显然是一种永远无法实现的行为。因为随着时间的流逝，我们永远无法复刻我们成长的环境。我们虽然一次次地通过退行、潜抑、情感退化甚至是强迫性重复来使我们进行情景再体验，但我们永远无法寻回曾经我们想得到的，毕竟我们无法改变过去。

我很难相信这个世界上有着完美的教育，毕竟教育理念每隔几年便会迎来一次变革，甚至每次变革都会呈现与过往的对立。从孩子不要过早接触金钱，到现如今的及时建立金钱观，我们很难在教育中找到那些永恒不变的真理，我们也很难确保自己现如今所接受的教育理念不会在几年后被证伪。毕竟从孩童接触教育到成年后的心理定型，有着时间的阻碍。

因此，每当有人向我抱怨他的原生家庭对他造成了何等的影响，又是如何使他落入一个失败的境地时，我总会为对方感到深刻的遗憾。我们大部分人会被原生家庭所影响，从而导致了许多心理上、情感上的问题，因此近几年"与原生家庭和解"一直是一个热门的话题。

许多人在与原生家庭导致的问题进行长时间的对抗后，发现自己并没有能力与原生家庭和解。许多人甚至在这个过程中，激发了更多的矛盾，反而使自己陷入了更为强烈的痛苦之中，又发生了新的创伤。

我的一位朋友，曾经和我分享过一则他的故事。朋友从小便被父母严加管教，父母早早地便安排好了他以后的道路。应该去哪里上学，应该如何学习，应该获得什么样的成绩，应该有着什么样的爱好，甚至是未来应该进入哪个行业，人生又该如何度过，都由父母一手操办，且不容反抗与质疑。

朋友习惯了这种安排，他甚至已经回想不起自己曾经是否试图反抗过，他忠实地履行着父母的要求，一路上也算是顺风顺水，直至大学毕业。大学毕业后的他，并没有如父母预想、安排的一样，获得一个体面的工作，然后便安稳地度过一生。因为父母所安排的行业，已经日落西山，再也不复曾经的荣光。

于是他便崩溃了，他依照父母所安排的道路前行，最终却发现这是一条"死胡同"，而更为可悲的是，他甚至已经不懂得如何自我思考。他怨恨于家庭的安排，怨恨于家庭的错误，他一次又一次地向家庭表达了自己的情绪，引来一次又一次的争吵，最终他崩溃了。他不知前路如何，只记得这一切的罪魁祸首，来自自己的家庭。

这个世界上，许多人和他并无不同，家庭在有意无意中对他们造成了许多负性的影响，导致他们在成年后面临困境，或是存在各种心理上的缺陷。许多人幸运地意识到了家庭对自身的影响，也试图去进行改变，于是便有了与原生家庭和解这个概念。

许多人也正在努力地与原生家庭和解，但他们所采取的方式并非对自我进行改变，而是试图掌控那些无法掌控的事物，让它们按自己的意愿发展。有人在年少时受父母的争吵影响，而产生了对亲密关系的疏远，他们在意识到这点后，选择的和解方式，却是尽可能地避免父母的再次争吵。

原生家庭之所以会对我们造成影响，在于我们处于一个负面、无法逃避、脱离我们掌控的环境之中。我们只能被动地承受来自环境的影响，并竭尽全力地去隐藏、躲避，而无法通过自我的努力去改变环境。

成年后的我们与年少时的我们，都有着来自原生家庭的负性影响，唯一不同的是，年少时的我们不认为自己有能力去改变，而成年后的我们却认为自己可以改变环境。毕竟家庭中曾经对我们造成影响的个体，已经面临着机能下降的窘境，双方在家庭中的地位与话语权，也已悄然发生倾斜。

但很可惜，即使是在这种情况下，我们也永远无法改变来自原生家庭的伤害，因为只要我们想要改变，则意味着我们要进行掌控，而成年人之间的互相掌控，必然会引来更为剧烈的对抗。甚至说，这不仅无法弥补我们的童年创伤，还会在激烈的对抗中出现新的负性影响。

和解，并非通过掌控其他个体，使其按照自己的意愿行事，从而满足自己年少时的遗憾。和解是一种"向内寻"的方式，是承认自己无法改变他人，接受自己的无力，从而衍生出的释然。

只有当我们不再试图掌控他人，不再试图修复曾经对我们造成伤害的个体时，我们才能找到继续前行的理由与机会。我们如果一直试图掌控他人（正如年少时被他人掌控一般），只会激起更为激烈的矛盾，也使我们的一生都在与原生家庭的对抗之中度过。但我们可以不去追究过往的错误，甚至我们可以继续接受这种伤害，这是出于我们个人选择的决策，而非来自童年时被动的承受。

和解，便是与自我的和解，承认原生家庭是我们人生的一部分，当我们不再试图对抗、掌控与改变时，我们也就不会投入情感，更不会因此受挫。因为所有的焦虑，都来自我们的看重与试图改变。

人生中有许多苦难，或许有一些我们永远无法摆脱，但与其和这些苦难陷入无休止的斗争之中，或许我们更应该找到属于自己的美好。

判断力将决定你的一生

人与人之间的差距是如何被逐渐拉开的？这是一个很难回答的问题，因为从人类本身的生理角度来看，出于生理结构的相似性，人与人之间的智力水平并没有表现出巨大的差距。但在社会中，人与人之间确实表现出了在地位、收入、学识与认知上的差距，那么这种差距背后的影响因素是什么？

显然对于刚出生的婴儿来说，他们大多有着相同的起点，那么在相同起点的婴儿，是如何在未来的时间内一步步走向不同人生的？如果我们将人生看作一条条蜿蜒曲折的河道，那么选择则决定了我们步入哪一条河道之中，而随着我们步入不同的河道，自然人生也随之产生了转变。

人与人之间的差距，便是由一次次的选择而被逐渐拉开的，人生中的每一个念头、每一个行为上的细微区别，铸就了不同的人生结果。如果想要在未来的人生中获得所期望的成就，则意味着在进行人生选择时，要做出正确、有益于目标的判断，这也就凸显出了人生中判断力的重要性。

我一向认为，一个人在世间生活得幸福与否，取决于其是否在人生的各个节点之中做出了符合自身意愿的判断。一个人判断能力的高低，直接决定了他是否会在未来后悔，也决定了他在未来的生活中，是否能获得足够的幸福感与成就感。

许多人虽然在社会中获得了一定的成就，却并非出自他在关键的人生节点做出了理性的正确判断，而是运气使然，在懵懂中"凑巧"做出了正确的判断。这也是社会中有许多人获得了短暂的成功，却在未来的某一个节点中失去运气的青睐，从而一落千丈的原因。

一个人如果缺失了判断力，则不免会陷入对过往的介怀与后悔之中，有时这种介怀与后悔仅仅是映照在情绪之中，但更多时候判断力的缺失，使得许多人将人生一大段的时光消磨在错误的事情中，最终幡然醒悟时，却为时已晚。

曾经我所在的企业招聘了一位中年员工，这位中年员工在能力与经验上都有着不错的表现，但他在入职我们企业时，却是以基层员工身份进入的。凭借几次短暂的相处，我对他的能力比较认可，认为他理应进入更高的岗位之中，因此我也好奇，他为何会以基层员工的身份入职。

我起初并没有将这个疑惑放在心上，但后来在公司一次架构调整的会议中，人力资源部门的同事向在座的高管推荐了这位中年人。在座的高管也对这位中年员工能力与职位之间的不匹配十分好奇，而关于这个疑惑的答案，也浮出水面。

人力资源部门的同事表示，这位中年人从毕业之后便就职于一家小型企业，而这家小型企业的老板，时常通过对其能力的否定与打压来逃避职位与工资待遇的问题。来自老板层面长久的打压，使这位中年人对自身的能力产生了深深的怀疑，他不仅没有意识到企业老板对其的打压，反而认为自己能获得工作机会已经是一种"恩赐"。

对于这位中年人来说，过于繁重的工作占用了他大部分的时间与精力，他并没有时间与精力去判断自身在劳资市场中的真实情况，只能在老板的打压下默默地忍受与服从。由于他缺失了相应的判断力，使得他在这家小型企业之中蹉跎了近十年的时光，虽然磨砺了他的能力，却没有给予他任何物质上的回报。

我们每一个人，在社会中生活的每一刻、每一秒，都在进行着判断，却很少有人能有意识地去磨炼自己的判断能力。人们虽然会因为错误的判断而懊恼，但也仅仅停留在懊恼之中，很少意识到这是自身判断能力不足所导致的，也不会意识到锻炼判断能力的重要性。

判断能力的锻炼，在如今的社会中并没有被大众所关注与重视，即使是寥寥无几涉及判断力的书籍，也往往将这种能力当作一种通识能力。但判断能力是具有领域特性、需要先决条件，并且一直不断变化的能力。虽然它并非一种工具，也无法适用于任何领域与事物，我们只有通过长时间的练习，才能在某一个领域之中具备判断能力。

判断能力并不适用于所有领域，即使是一位哲学家，也很难在所有的领域具有判断能力。正如一位心理学家，在心理学的领域中具备判断能力，但如果让其涉足物理学，那么其在心理学领域的判断能力也就自然失效。因此，相较于去掌握判断能力的理论知识或是希望获得通用的判断能力，还是在某一个领域的深耕才能获得足够的收益。

在某一个领域深耕，听起来似乎有些宽泛，我们可以理解为在某一种技能领域，例如管理领域、运营领域或是产品领域。这里所谓的深耕，自然不是在领域内自由地"野蛮生长"，而是需要一些有针对性的训练，才能使自己在某一个领域中具有判断能力。

我将这种训练分为三个阶段，第一个阶段为基础信息积累阶段，第二个阶段为信息判断验证阶段，第三个阶段则是判断抽象内化阶段。在不同的阶段进行有针对性的、倾向性的训练，才能使我们以更快的方式掌握某一个领域的判断能力。

阶段一：基础信息积累。

我们在判断一件事物之前，最为需要的便是去了解影响到这件事物的主要因素，正如我们想要判断一个行业的"风口"，则不免需要去了解现有的行业概况、用户需求与社会发展。正如一位技术大拿，之所以可以快速地判断出故障的原因，本就在于其对产品的深刻了解与对系统运作方式的掌控。

信息是影响判断力的关键因素，如果没有掌握影响到一件事物的主要因素，那么所做出的判断自然是相差千里。一位员工如果被上级所冷落，在没有掌握关键影响因素的情况下，他可能会认为是自己在无意间惹怒了上级，从而他可能会拼尽全力地去讨好上级。但或许上级正是担忧和他走得太近，才有意地对其进行疏远。

判断能力的基础便是信息的收集，而信息的收集渠道则多种多样，网络、社交、纸媒，都可以成为收集信息的方式。而在这个阶段之中，需要做的便是尽可能地去拓展自己的信息收集渠道，结交更多的人、参与更多的研讨会，都有助于我们掌握更多的信息，更有助于我们做出正确的判断。

阶段二：信息判断验证。

想要进行清晰的判断并不是一件容易的事情，毕竟我们在日常生活中随时随地、每时每刻都在进行着判断。而在这些纷杂的判断之中，我们很难回忆出我们运用到了哪些信息，也很难记起这些判断是否是正确的，又起到了哪些积极或是消极的作用。

对于每一位想要锻炼自身判断能力的人来说，都需要付出比常人更多的努力，而这部分努力，则是在进行重大决策时，有意识地记录自己当时的想法。这种记录要尽可能地全面，包含决策项目、所认为的主要影响因素、决策过程中所运用到的信息与想要取得的效果。并且需要在未来事物随着决策走向时，尽可能地强迫自己去进行相应的记录，来验证自己当时的信息是否存在错误，验证自己决策的结果是否与预期存在出入。

对信息进行判断验证，既可以找到自己所缺失的信息，也可以让自己意识到自身判断中所存在的问题与缺陷。不断地进行信息判断验证，相当于一种决策复盘，可以防止自己在无意识中出现错误的判断路径。

阶段三：判断抽象内化。

虽然深耕是局限于某一个领域之中，但在这些领域内的决策，必然可以抽象出通用的、对大部分事物具有帮助意义的通识。将这些通识进行抽象与内化，使其成为我们本能的一种判断能力，自然可以在进入其他领域时减轻试错成本。

正如之间兴起的互联网运营岗位，其所接触到的活动、用户运营相关信息，在多次的判断中可以逐渐增强对用户的洞察能力。在转向产品岗位之后，这部分洞察能力，自然有助于其在产品角度的用户判断。当我们对判断验证之后，那些正确的信息会逐渐成为我们自身内化的能力之一，使我们对世界的本质具备更深入的认知。

《中庸》中有一个概念，叫作"至诚之道，可以前知"，这便是对判断能力最好的描述。通过对领域信息的收集与对判断的验证，掌握对领域本质的了解，从而每一个人都可以在自己所处的领域之中，对未来做出超前的正确预测，从而使自己在任何环境下都能抢占先机。

当一个人对节气、地理、环境具有全面的信息掌握，自然可以判断出枫叶何时会变为红色；当一个人对人性、人心具有足够的掌握，自然可以判断出他人真实的心意。一个人很难达到儒家"至诚无息，至诚无妄"的最高思想境界，但一个人完全可以通过努力训练，成为一个领域中具有正确判断能力、远期预测能力的专家。

判断能力有着影响到人生走向的作用，每个人的一生，便是根据判断能力的高低产生不同的成就。

掌握认知重评

　　成功在如今的社会中，意味着金钱、尊重与尊严，相信无论是谁，无不渴求自己可以成为他人口中的成功人士。但社会的资源分配遵循帕累托法则，这意味着在社会中可以获得成功的人，永远都只是少数。

　　即使可能获得成功的是少数，也无法阻止无数人为了成功而参与到竞争之中，毕竟成功这两个字，本身便是许多人在社会中前行的动力。但即使是在起初有着再为强烈成功欲望的人，也可能在人生中的某一个时刻放弃坚持，以一种随遇而安的形式放弃对成功的渴望，成为社会中普通的个体之一。

　　人为什么会放弃努力，人又为什么放弃坚持？每个人或许有着各种各样的答案，但归根结底，他们必然是受到负面情绪的影响，从而丧失了努力与坚持的驱动力。对于一个渴望成功，并愿意付出努力与坚持的个体来说，他在迈向成功之路的第一件事，并不应该是开始行动，而是掌握一种可以控制负面情绪、抵消负面情绪的方法。

人生并不是一帆风顺的，从孩童时期接触第一个过渡性客体，我们与世界之间的交互就开始了。既然世界是"非我"的，那么也就意味着世界并不会依照我们的意识变化，我们与世界的交互过程中，也必然会由于世界不可控而产生负面情绪。

轻微的负面情绪并不会使我们陷入无力与崩溃之中，甚至根本无法拨动我们的主观意识，我们也根本无法感知到轻微负面情绪的存在。但即使是再为轻微的负面情绪，通过经年累月的叠加，也会成为一种继时性的叠加压力，成为困扰我们人生的一道难关。那些映照在我们主观意识之中，使我们感受强烈的负面情绪，自然会对我们的成功之路造成更大的影响。

在日常生活中所接触到的成功人士，往往表现出积极阳光的一面，这不免让人猜疑，他们是否在生活中一帆风顺，没有任何烦恼阻碍。事实上再成功的人，都有着专属于各自的烦恼，许多职场中获得成功的人，由于精力的过度倾斜，往往在家庭中有着无法言说的忧愁。即使是已经获得成功的人，也无法确保自己的生活中不存在任何的挫折与焦虑，而只要有挫折与焦虑的存在，那么必然面临着负面情绪的困扰。

而成功人士之所以没有被负面情绪所困扰的表现，一方面是由于喜怒不形于色的职场基础素养，另一方面则是相较于常人，他们更懂得如何去面对、控制、舒缓负面情绪。对负面情绪的认知与控制，可以说贯穿每个人的一生，一个人的生活幸福与否，也和对负面情绪的控制能力有着深切的关联。

在当今社会所流行的对抗负面情绪的方法中，更注重对负面
情绪进行隐藏与抑制，既不对外表露，也不在内心咀嚼。但这种
对抗负面情绪的方法，本身却是消极的，仅仅是将不能接受的冲
动、欲望、情绪压制在潜意识之中，虽然本身符合心理防御机制
中的潜抑，但即使是自己主观无法察觉与回忆，这些负面情绪也
已经在潜意识之中起到了作用。

正如我们在与他人交互的过程中，常常会因为对方的一句话
触及我们的底线，从而引起我们的不满。通常来说，我们都是将
这种不满隐藏与抑制，毕竟直截了当地将自己的不满表达给对
方，也可能无法被对方所理解，还会被认为是矫情的体现。

我们虽然将这种不满隐藏与抑制，但这种不满如一根刺一般
刺入我们与他人的关系之中，最终也自然会影响到我们与他人的
关系建立。这种关系建立的阻碍，如果是在同事之间，则不免影
响工作的协调性；如果是建立在与朋友之间，那么显然也丧失了
建立真正深刻友情的基础。

对方触及底线的话语，在很多时候并非有意的挑衅，而是
不经意间的无心之失，如果我们真实地向对方表达我们的不满，
自然也就解开了这个误会，甚至是我们会改变解读这种情绪的
角度，主动认为对方是无心之失，也可以顺其自然地消弭这种
阻碍。

负面情绪的出现与影响，其实有着复杂的机制，它既有关于
外界的因素刺激，更取决于我们的情绪反应倾向与我们对外界刺

激的解读。对于任何想要掌控、规避负面情绪的人来说，都应该掌握科学的情绪管理方法，从而在生活中不会因负面情绪而丧失驱动力。

我们每个人都具备掌控情绪本身的能力，即使我们与外界交互的过程中总是面临挫折，但正如莉莎·费德曼·巴瑞特在《情绪》一书中所说的那样，"情绪不是你对世界的反应，情绪是你构建的世界"，我们完全可以通过对负面情绪的认知角度变化，通过认知重评的方式，去重新构建我们看待外界刺激的方式。

在具体了解如何掌握认知重评之前，我们有必要先了解情绪本身是如何产生的，显然并非我们所接触的所有事都会影响到我们的情绪。路人与我们擦肩而过，陌生人在等车时站在我们身边，都无法使我们产生情绪上的波动，能让我们产生情绪波动的事件，必然是具有刺激性且与我们相关的。

我们的情绪反应，是由与我们息息相关的外界刺激而产生的，路人与我们擦肩而过并无法使我们产生情绪波动，但如果对方的肩头狠狠地撞在我们的肩头，那么也就具备了刺激性与相关性，自然也会开始引起我们情绪上的波动。这种在情绪产生之前的刺激，被称为情绪线索，也就是引发我们情绪的前置条件。

当情绪线索出现，外界对我们的情绪产生了刺激，接下来我们自然会出现相应的情绪反应，我们或许会愤怒路人的无礼，或许会疑惑路人的目的。情绪反应可能表现在多个层面，极有可能是愤怒、疑惑等体验反应，也可能是类似于哭泣等行为反应。此时也正是情绪反应最为强烈的时段，这个时段便被称为情绪时反应。

当情绪时反应结束之后，并不意味着负面情绪便已经结束，相反，这种情绪将引导着我们接下来的行为方式。路人如果连续几天撞到我们的肩头，我们则很可能会在未来选择其他的路线出行，或者说我们在情绪时反应是愤怒的话，那么这种愤怒很可能被宣泄至工作之中。刺激我们的情绪线索转化为情绪时反应之后，所产生的行为变化，被称为情绪后反应。

那么，我们如果想要控制负面情绪，最好的时机显然不是在将怒火宣泄给他人之后，毕竟这不仅会损失我们的外界形象，还很可能使我们获得新的负面情绪。负面情绪最好的介入时机，是在情绪线索向情绪时反应发展的过程中，只有在这个时机中，我们不仅能消除当下的负面情绪，还能防止因负面情绪所导致的更多烦恼。

我们对待外界刺激，也就是情绪线索时，我们的大脑会通过信息加工的方式，来确定我们将产生哪种情绪反应。这种加工方式在许多时候虽然是无意识的，却受我们的过往经历影响，不同的经历会使我们产生不同的决策倾向性。

同样是与陌生人擦肩而过时被撞到，不同的决策倾向自然会产生不同的结果。如果一个人对他人存有先入为主的恶意揣测，那么则不免会认为对方是故意、别有目的的。同样，如果一个人认为他人是善意的，那么也自然会解读为无心之失。我们对情绪线索的解读方式与倾向不同，自然也就产生了不同的情绪时反应。

认知重评，在当今的心理学中被认为是一种重要的情绪调节管理方式，通过对刺激的认知与解释调整，可以有效地防止我们陷入负面情绪之中。这种调节方式也可以逐渐内化为我们面对外界刺激时的一种"内加工"方式，使我们在日常生活中可以以更为淡然的方式去面对外界刺激。

正如同样是半杯水，有人会认为杯子中还有半杯水，有人却会认为杯子中只剩半杯水，这种倾向性的认知思考方式，则使我们情绪上产生了明显的差异。那么，我们如何通过认知重评去调整看待事物的角度与认知倾向？这显然不是通过自我暗示或是深呼吸便可以实现的事情。

想要调整我们的认知，则意味着我们需要有意地去培养我们对世界的认知倾向，而这种培养，需要通过经年累月的积累。我们首先需要做的，便是放弃对负面情绪的压抑与隐藏，而是尽可能地去宣泄，至于宣泄的方式，则取决于日常的生活习惯。有人喜欢与他人诉苦，有人喜欢饱餐一顿，无论这些方式的具体表现如何，只要不违反社会道德、法律要求，能疏解自身负面情绪，则都是有意义的。另外则是以客观的角度，来联系刺激、情绪反应之间的关系，重新复盘自己的情绪时反应，并从中找出自己情绪反应的隐藏原因。

在客观复盘的过程中，需要的不只是找出符合自身情绪反应的原因，而是尽可能地找出更多解读外界刺激，也就是情绪线索的角度，并且这些角度最好是与自己原本的认知相反、冲突的。在这种相反、冲突的对撞之下，我们往往可以更加客观地来观察外界刺激对我们情绪的影响，并弄清楚我们负面情绪反应的真实原因。

对外界刺激的不同解读方式，使我们产生了不同的情绪，而我们对待不同情绪的方式，则决定了我们下一次面对外界刺激时的反应。在这种循环之中，我们很容易陷入一种认知上的惯性，而这种惯性大多是过于主观与错误的。

认知重评之所以被称为重评，本就在于我们需要为现有认知引入更多的因素、更多的角度，从而在因素与角度的对撞冲突中，寻得客观、正确的认知解读方式，从而避免无意义的负面情绪产生。

认知重评可以帮助我们减轻负面情绪的产生，而放弃对负面情绪的压抑，找到一种合适的方式去疏解情绪，则可以使我们不再陷入错误的循环之中，进一步减少负面情绪的产生，也就使我们的驱动力得以长久保持，自然也就离成功更进一步。

勤能补拙，掌握复盘思维

复盘思维在近几年突然变得十分火爆，许多互联网行业的领头人，都在不断强调复盘思维的重要性。许多人希望通过复盘思维重整自己的人生，指导自己未来的行为方式，虽然复盘思维是人生所必备的一项技能，但大部分人都没有坚持下来。

谈起复盘思维，许多人都注重于"工具学说"，也就是去学习戴明环等复盘模型，甚至有人为此专门报班学习如何更好地复盘。但在复盘这件事上，最需要具备的是掌握复盘的思维，而非如何进行复盘，许多人以本末倒置的方式进行复盘，不仅没有获得应有的效果，反而使自己对复盘变得不屑一顾。

古时便有"吾日三省吾身"的教诲，通过复盘可以使我们及时地跳出错误路径，找到行为过程的错误，并经过提炼内化为我们自身的能力。虽然复盘有着明确的正面意义，但复盘的过程却是枯燥的，因为在复盘的过程中，我们不得不剖析自身，以一种真实的目光审视自己，这多少会让人感到一丝痛苦。

我们可以将复盘看作一种对过去事情的思维演练，是一种以客观方式去回顾目标、发展、结果，并通过分析、推演来找到真实自己的过程。在这个过程中，最为关键的环节是客观，我们只有客观地审视自身，才可能找到纷杂线索背后的真谛，而这并不是仅仅凭借一种思维模型、一种工具所能达成的目标。

　　一个人想要掌握复盘思维，最需要的不是一件称手的工具，不是一种高效的思维模型，而是一种客观的思考方法。客观地观察自己，这种观察方式也叫作"观自在"，在西方则讲得更为通俗一些，也就是哲学中的一个基础概念"我是我的观察者"。

　　"我是我的观察者"，对于这句话的解读根据情境各有不同，运用在复盘思维之中，则可以理解为"我"以一种客观的形式，来观察自身行为过程中的本质目的。以第三方的角度来观察自身的行为，并从中找出自己行为背后的真正目的与影响因素，才能在复盘的过程中导出真实的结果。如果我们以第一人称的视角去观察自己，那么所观察到的行为与所导出的结果，必然是倾向于符合我们自身认知的。

　　当我们向同事发怒后，如果在复盘时以自我的视角来观察自身，那么所导出的结论，则往往聚焦于同事配合度不够、同事的工作能力不行拖延了工作进度，但真的是同事配合度不够或是能力不行吗？真实的答案很可能并非如此，如果我们以第三者的角度来观察自身，则可以意识到我们愤怒的真正所在，是我们在家庭中有着烦心事，是我们与家人吵架后将情绪带入了职场。

　　"我是我的观察者"，以第三者的角度来观察自身，这听起来是一件很简单的事情，我们大多可以拍着胸脯表示，自己可以对自己进行完全客观的评价。但在实际应用过程中，我们大都有着想要回避的话题、原因、根由。因为如果将自己完全地剖开，揭开隐藏在我们行为背后的真正动机，则不免会暴露出我们人性中的许多缺点，而这些缺点并不是通过观察便可以消弭的，毕竟这些缺点之所以存在，本就是因为难以改正。

　　因此，在进行具体的复盘之前，我们每一个人都需要坦诚地接纳自身的优点、缺点，毕竟我们自身，本就是由优点与缺点所组成的。一个人不可能只有优点却没有任何的缺点，并且优点本身便是变化不定的，善谈可以看作一种优点，但在严肃的场合之中，善谈却会被看作一种缺点。优点与缺点，本身便是随着评价者、环境所不断变化的，我们也是由优点与缺点并行构成的，自然要对两者坦诚地接纳。

　　社会中有许多人会习惯性地认为缺点是一种不被容于世间的性格特性，即使是在观察自身缺点时，内心也会产生羞耻心，进而习惯性地对自己展开批评。之所以会产生这种现象，在于我们过于注重外界评价，将评价者评价的话语作为我们人生行为的准则。但评价者本身在进行评价时，也是具有倾向性、有着自己主观角度的，本身并不具备完全的正确性。

　　当我们能以观察者的身份真正客观地审视自己的优点与缺点时，我们也就具备了掌握复盘思维的可能，也就具有了基础的先决条件。当我们具备先决条件之后，所需要的便是去为复盘思维本身设置一种驱动力。因为复盘思维本身是一件十分枯燥的事情，我们必须有一个长远、固定的目标来作为驱动力，才能保证我们可以在枯燥中前行。

通常来说，将目标设置为"理想自我"是一件非常有意义的事情，也就是在脑海中幻想出一位理想中的自己。我们每个人的脑海中都会有一个"理想自我"，也就是我们希望能活成的样子，但"理想自我"却常常是模糊的，因为我们并不愿意去过多地思考"理想自我"，毕竟现实与理想之间的落差会让许多人感到痛苦。

但想要完全地掌握复盘思维，则不得不去使用"理想自我"来作为一种驱动力，我们需要尽可能地去完善"理想自我"的细节。这意味着不仅要考虑"理想自我"的特质、形象、行为方式，还需要考虑"理想自我"与朋友、亲人、世界之间的互动，通过不断地完善、填充，我们才能让"理想自我"在提供驱动力的同时，具备一定的指导性意义。

当我们可以客观地观察自身，也具有了"理想自我"作为模板时，我们便可以深入到具体的复盘思维之中。如今网络中有许多方法，建议在一天中抽出专门的时间来进行细致的复盘，但在我看来，这种方式本身便增加了复盘的枯燥性与难度。

复盘的最佳时机，绝不是每天、每周的几个固定时机，因为在烦冗的日常事务过后，我们能记起的事件本就是模糊不清的。

模糊不清的事件中缺乏大量的细节，我们甚至无法完整复现自己的对话、对方的表情，在这种情况下，复盘本身就很容易产生偏差。更何况固定时间很容易受到其他事物的挤压，从而导致复盘这件事逐渐被我们所遗忘。

最好的复盘时机，并非静谧夜晚中的一个固定时间，而是在事件发生之后的即时复盘，如此才能把握事件中的细节，并让回忆精准重现场景。我们每天都需要经历许多的事件，我们的精力自然也不允许事事都进行复盘，因此我们需要有选择性地去挑选那些值得复盘的事件。

对于一位刚刚开始运用复盘思维的人来说，并不需要对每一件事都进行深入的复盘，在入门阶段，最为重要的是培养习惯。我们要如何挑选哪些事是值得复盘的？在我看来，那些可以引起我们强烈情绪波动的事件，都是值得复盘的。不管是愤怒、羞愧，还是紧张、痛苦，这些强烈的情绪都可以作为我们复盘习惯养成的一种"刺激物"，刺激我们在事件刚刚过去的时候，便自发性地开始对事件进行复盘。

复盘通常需要经过六个环节，分别是外界刺激、引入复盘、重建场景、理清结果、分析原因、推演改善。在我们情绪受到"刺激物"刺激之后，我们需要立刻地进行复盘，并如本能一般地完成这六个环节，才能使我们快速地从复盘中汲取到益处。

外界刺激：当我们受到外界的影响产生情绪上的反应时，我们要通过大脑的监视系统，快速地从情绪中脱离，并将"情绪刺激"传递给我们的主观意识，从而提醒自己要开始关注场景细节，并在外界刺激结束后进行第一时间的复盘。

比如，工作总结会议上，上级对我的工作能力提出了质疑，认为我的对外沟通能力不够，导致活动的开展受阻。

此时不免会产生羞愧的情绪，但要逐渐养成从负面情绪中跳出的能力，及时地停止陷入情绪之中，开始仔细地观察上级领导的语调、同事的表情，并提醒自己会议结束后要进行复盘。

引入复盘：当我们从场景中脱离之后，则要及时地开始复盘。寻找一个较为安静的环境，待情绪平稳之后，开始对场景进行复盘。

比如，上级对我的能力质疑是否是真实的？我是否真的在对外沟通上存在错误？上级希望我达成什么样的效果？我实际达成了什么样的效果？两者之间是否存在差异？上级在会议上说出这句话到底是想要达成什么目的？

重建场景：从回忆中理性客观地重新构建事件过程。

比如，在此次活动开展过程中，由于事先的准备工作不够充分，出现了与参展商之间的冲突。

理清结果：当我们从重建场景的过程中整理出整个事件的过程之后，便可以得出此次事件的结果。

比如，虽然最后在上级出面的情况下得以和解，但冲突的过程却被许多人所看到，对上级来说依旧产生了不好的影响，上级对我的批评也由此而来。

分析原因：当我们理清结果之后，便可以深入地分析引发事件的原因，从而找出被忽略的细节。

比如，虽然我并非参展商的主要对接人，不过上级一直强调服务窗口化，所以我当时也不应该作壁上观。但上级为何要将我作为典型？当时同事大多表情平淡，可主要责任人却脸色涨红，看来是想以我来点名主要责任人。

推演改善：当我们分析出事件的根本原因之后，自然也就有了内化、改善的可能。

比如，在未来的工作中，当出现有可能影响到整个团队的问题时，即使我不是第一责任人，也应该尽力地去解决。上级强调的服务窗口化，现在在员工层次并没有得到认可，这正是属于我的一次机会。

通过这六个环节的推演，可以使我们快速理清一次事件的前因后果，从而找出被我们所忽略的细节，并使我们在未来不会重蹈覆辙。而将这种推演内化，成为我们的工作思考习惯，则可以使我们以碎片化的形式快速提升社会竞争力。

但即使是对这种推演十分熟练，也不意味着我们便已经掌握了复盘思维，想要真正地掌握复盘思维，还需要有着大量的知识输入。我们判断一件事物、理清一次事件，都需要有着对人性、规则、利益的洞察分析能力，而想要获得这些更为底层的能力，则需要我们在生活中不断地积累，在书中不断地探寻，在脑海中不断地思考。

复盘思维是一种需要不断锻炼、不断超越与进化的思维，我们需要用一生的时间去磨炼与掌握，而随着我们的思维深度愈发深入，我们自然也就获得了更为广阔的人生。

远离群体思维导致的群体迷思

取火使得人类开始食用熟食，从而在有机结构的变化中逐渐向食物链顶端靠近，但人类彻底站稳食物链顶端，则是依靠人与人之间的分工合作。

人类通过分工协作，才得以分化出专精式的技能发展方向，才有了各式各样的科学进步与工具创新，最终使得社会的生产力大幅度提高。分工协作是人类社会得以推动的关键要素，但许多人在分工协作中逐渐陷入群体思维之中，失去了独立思考的能力。

当一个人的观点并非基于事实、经验、分析判断所导出，而是参照群体中的主流声音、揣摩群体的观点所导出时，这个人便陷入群体思维之中。群体思维在许多时候，可以帮助团体、企业、组织减少因摩擦而导致的内耗，但如果这种群体思维过于根植于个体的思维之中，则相当于群体扼制了个体的思想，也就陷入"群体迷思"之中。

在实际的生活、工作中，许多人都在无意识间陷入"群体迷思"之中，这是源自当个体在群体中发表反对意见时，往往会受到群体主持者的打压。在这种打压之下，个体往往会调整自己的行为策略，在未来的群体生活中压抑个性，发表、揣摩符合群体、群体主持者的观点。

在企业中，这种现象十分普遍与严重，企业在进行决策时，作为个体不得不揣摩上级管理者的想法，并发表符合上级管理者观点的意见。这也是许多大型企业，在实际的市场运营策略中漏洞百出的原因，在过往的工作中，反对的声音已遭到压制，会议失去了探讨的意义，变为一种附和现有观点的责任分摊现场。

当团体、企业、组织中被压制个性的个体越来越多时，"群体迷思"的严重程度也随之增加。成员之间将失去思想碰撞的可能，而是默契、自动、不经思索地发表符合过往认知的观点。

在美国心理学家艾尔芬·詹尼斯看来，群体在决策的过程中，由于个体习惯性选择倾向于群体的观点，导致群体失去了多样性，无法以多角度来思考问题，从而致使群体无法对事物进行客观、全面的分析。

在许多时候，这种"群体迷思"甚至不需要惩罚、打压来促成，而是表现为一种非强迫性的选择。这是由于社会中对个体个性的压制，使得个体在步入一个群体后，会本能地寻求群体的庇护，努力地表现出服从性，从而确保自己不会陷入危机之中。最终随着群体之间凝聚力、共识经历的积累，逐渐成为个体的一种下意识选择，"群体迷思"也进入最无解的阶段。

这也是越是大型的企业，所进行的决策越是平庸的原因，因为大型企业已经积累了太多的共识经历，完全陷入了"群体迷思"之中。当群体中的个体失去了个性，所进行的决策并非是最具有针对性的，而是最符合大多数人利益、最为平庸的。

当一个组织陷入"群体迷思"之中，我们则可以观察到这个群体必然会出现四项特质，而这四项特质存在的目的，则是继续维持"群体迷思"的存在。

统一性：群体在压抑个性之后，开始以群体角度进行思考，忽略了客观事实的思考，最终导出的结果具有高度的统一性，个体之间可以以极快的速度来达成共识。

排外性：当群体之间可以快速达成共识时，那些敢于发表自身观点、表现出自身个性的个体，则会被认作破坏团队氛围、降低团队效率，从而其他人会自发性地对其进行打压与排挤。

盲目性：个体的行为模式不再是为了部门、团体利益，更不是为了自身的成长，而是紧紧地跟随群体方向进行盲目决策。

从众性：在团体中的"群体迷思"，将逐渐延伸到更多领域之中，最终使个体丧失独立思考能力，出现近乎盲目的从众思想。

我们可以发现，分工协作使得团队的效率得以提高，但在分工协作的过程中，却很可能出现"群体迷思"的现象。而对于团体、企业、组织的主持者来说，其实大多是可以意识到"群体迷思"的存在的。既然如此，为何"群体迷思"没有得到有效的控制，反而依然存在于各个团体之中？其实之所以会出现这种现象，在于群体的主持者本身，便对"群体迷思"起着催化作用。

美国著名的社会学家拉扎斯菲德认为，大众传播对个体并不会造成强烈的影响，"群体迷思"并非出现在宽泛的、普遍的传播过程中，而是受到二级传播的影响所产生的。所谓的二次传播，指的是一个群体中的意见领袖，也就是群体的主持者对个体具有最为强烈的影响力。

当群体中出现一个强势的意见领袖时，我们便可以发觉，群体中谈论、讨论的声音往往是围绕意见领袖所展开的。许多社群运营者十分烦恼的一个问题，便是如何确保社群中的话题既能保持活跃，又不会出现过于强势的意见领袖，因为一旦出现过于强势的意见领袖，则不免会有许多人对其产生不满，社群中的成员也会因此大量流失。

"群体迷思"之所以无法被控制，反而表现得愈演愈烈，在于一个群体的主持者往往是"群体迷思"的源头。但作为"群体迷思"源头的主持者，很难意识到群体中的问题，因为来自群体成员的无条件服从与无条件同意，会使群体主持者认为自己的决策是"绝对正确"的。

群体主持者的错误决策，必然会影响到企业的切实利益，甚至会使部门整体为错误承担责任。在这种情况下，群体中的个体难道不会意识到"群体迷思"的存在吗？有趣的是，很多时候群体中的个体很难意识到"群体迷思"的存在，因为即使是部门整体承担错误，也由于责任扩散效应，而变得无关痛痒。

美国社会心理学家特拉纳通过实验发现，当有其他人在场的情况下，每一位在场者所承担的责任都会变少。个体的个性化决策并不一定具备正确性，当出现差错时，很可能由于"群体迷思"的排外性，导致个体的个性化决策遭到整个团队的攻击，从而需要承担错误的全部后果。但如果个体依据群体决策，那么即使出现了差错，也会通过责任扩散效应，只承担一小部分责任。

人类在历史长河中习得了趋利避害的本性，一方面是个性化决策需要承担全部后果，另一方面是依据群体决策承担最小责任，个体往往会选择后者。毕竟相较于个性化决策带来的机遇，个体由于损失厌恶的存在，往往更关注于风险与后果。

无论是对于个体本身来说，还是对于一个组织来说，都应该尽力地避免陷入"群体迷思"之中。毕竟这显然会造成决策上的失误，导致群体利益总量的下降，最终致使个人收益遭受损失。并且"群体迷思"中思考的缺乏，也使得个体丧失了在自由市场中的竞争力，当其脱离某个群体之后，则不免陷入生存危机之中。

但想要在一个群体之中保持个体的思考，本身便是一件十分艰难的事情，毕竟个性化的表达，随时可能遭到他人的排挤与打压。但个性化的思考却是我们成长以及获得更好生存条件的基础，因此虽然这是一条艰难的道路，但每个人都应该在这条道路中坚持前行。

提起在群体之外的思考，许多人脑海中不免浮现出独立思考的概念，但独立思考本身在我看来是一种具有风险的概念。因为没有基础支撑的独立思考，很容易发展为愤世嫉俗，思想开始极化，由极端的群体思维转化为极端的个体思维，反而会让一个人变得偏激与极端。

想要保持个性化思考，需要的并不是与群体思想"唱反调"，而是引入那些客观中立的观点，并以这些观点作为支撑来展开思考。在没有客观观点支撑的情况下，所谓的独立思考，不过是对自身现有观点的强化，逐渐会变得自大、自满，并产生"众人皆醉我独醒"的错误观点。

每个人在面对利益时都会发表倾向于自身利益的观点，而这些观点对其他人来说，本身是不具备参考性的。一道食物摆在面前，可能顾客会说难吃，商家却会说好吃，两者的观点本身都不具备参考性。因为顾客可能由于对收费过高而产生期望落差，商家是为了确保商品的正常售出而说出了违心话。我们听信两者任何一方的观点，都是具有偏差的。

引入利益不相关的第三者观点，才是我们认知一个事物真实的方法，这也是许多人喜欢使用模型、理论来分析事物的原因，因为模型、理论的创造者与当下所面临的事物之间不存在利益关系。

理性地去分析一件事，摒弃自身的想法，摒弃利益相关者的想法，还需要我们对自身的推导过程具有一定的自信心。许多人对自身不具备足够的自信，即使自己推导出正确的决策，也无法相信自己，从而导致最终仍然陷入"群体迷思"之中。

我见过许多人有着出色的推理能力，有着客观理性的推导过程，却由于对自身的不自信，最终丧失掉正确决策的可能。但这种不自信，在我看来却并不成立，因为从概率角度来讲，理性客观的推导，必然比群体盲目的决策有着更多的正确性。

我们可以对不熟悉、不明确的事物选择不发表意见，但我们内心深处，不能对自己的意见持有否定态度。相反，我们要保持自身客观理性想法的"活性"，使其不断地磨炼我们个性化思考的能力，最终当我们成为一个群体的主持者后，避免群体因我们而陷入"群体迷思"之中。

想要实现目标?
先承认自身意志力的薄弱

先预设目标,再拆解为具体的行动方式,接着便是通过坚持、努力来达到目标,从而收获成就感,以驱动自身向下一个目标迈进,这种模式使许多人获得成功。但社会中仍有一部分人,在目标设定伊始便失去了完成目标的可能。

显然,人类在世间生活,并非如飞禽走兽一般全凭本能行事,人类不同于其他动物,在于我们的行为有着目标性。虽然我们的行为有着目标性,但我们却并不一定可以完成目标,因为目标之所以称为目标,本就在于想要实现它,则必须穿越一条充满荆棘的道路。

所幸的是,即使这条道路再艰难,意志力也可以帮助我们坚持走下去,意志力根据目标来支配、调节我们的行动,帮助我们克服各种困难,从而使我们实现目标。善用意志力,可以使我们实现人生中的一个又一个目标。

通常我们会根据一个人的行为,以意志力强弱来对其进行判断。许多人认为，意志力越强的人，在逆境中坚持的时间也越长。这种意志力评判标准并不准确，因为许多人之所以没有坚持实现目标，并非由意志力不足所导致。在我们从设立目标到实现它的过程中，意志力是我们最后所能依仗的，而在意志力开始起到作用之前，还需要经过两个关键步骤。

第一个步骤便是接纳。在设定目标时，要充分地夸大性地考虑目标实现过程中可能出现的阻碍，正如许多人在办理健身卡时，往往只会考虑到自己健身之后的成果，却忽略了在健身过程中可能存在的阻碍。如果将阻碍夸大性地思考，仍然无法阻止自己设立目标，那么这个目标才具备真正实现的可能性。

第二个步骤便是权衡。我们还需要权衡目标所需要付出的努力与回报之间的关系，健身的回报自然是健康的身体与外在形象的提升，但健身很可能会影响到我们的生活方式，我们可能没有时间聚会，没有时间进行自己喜欢的其他事情。在这种情况下，我们要进行思考，如果我们很喜欢聚会，那么我们则不免需要从聚会与健身中二选一，如果在选择中我们愿意为健身放弃聚会，那么才能说明我们的目标具有驱动力。同时我们也需要考虑在通往目标实现过程中所需要付出的努力，健身并不是在健身房呆坐便可以完成的，我们需要仔细考虑那些汗水与过程中可能遇到的问题。

当前两个步骤结束之后，我们也就对目标完成了设立，此时才需要我们的意志力介入，根据目标分配我们的行为。许多人在设立目标时没有经过这两个步骤，最终失败的原因并非意志力不足，而是意志力根本就没有介入。

当我们接纳了目标并权衡得失之后，意志力虽然得以介入，但并不意味着我们便可以"万事大吉"地静静等待目标实现。意志力并非一劳永逸的工具，即使许多人愿意为目标付出许多努力，但随着时间的不断推进，曾经坚定的信念会逐渐随着时间流逝，从而再次丧失实现目标的可能。

意志力并非一种恒定的精神状态，相反，意志力本身是在不断消耗的，我们为了实现目标所付出的每一次努力，即使是一丁点儿努力，都会消耗我们的意志力。甚至我们的任何行动都在无形中消耗着我们的意志力。如果我们时刻处于焦虑之中或是有着待解决的烦心事，我们不免会发现自己的意志力在逐渐下降，原先能坚持完成的事物开始变得艰难，我们内心中不由自主地为自己找理由去逃避努力。

想要恢复意志力并非复杂的事情，意志力本身便可以随着充足的睡眠与舒缓的心态得以恢复。但我们在付出巨大努力的同时，我们的意志力消耗也在增加，在这种情况下，我们便需要额外扩充补充意志力的渠道。在实现目标的过程中，设置一些奖赏点，可以有效地恢复我们的意志力，比如当我们坚持阅读一个礼拜时，可以奖励自己一顿大餐。

还有一种有效的意志力恢复方式，则是来自生活中的赞美与认同，这些赞美与认同可以强化我们对目标的信心，使我们的意志力得到增进。这也是如今社会中鼓励知识输入与输出同时进行的原因。没有知识输入，则只会局限于现有的认知框架之中，而没有知识输出，就不会收获认可与赞美，意志力的恢复也就得不到保障。

当我们具备意志力为实现目标而努力时，许多人会由于对自身意志力的高估，反而失去了实现目标的可能。当我们在一段时间的努力坚持之后，许多人都会陷入这种困境之中，认为自己已经具备了足够的意志力去完成目标。在这种思想作祟的情况下，许多人开始放松下来，开始忽略目标、松懈下来，等到自己发觉时，往往悔之晚矣。

在设定目标之后，我们很难百分之百地认为自己可以实现目标，因此在初始阶段，我们往往会选择拼尽全力去实现，不给自己任何松懈的理由。当我们自认为意志力薄弱的情况下，更能抵御趋利避害本能的侵袭，因为我们自认为意志力薄弱，自然也就不敢有任何的松懈。但当我们距离目标不断接近，开始认为目标具备了百分之百的可实现性时，我们便会认为偶尔的休息似乎也无伤大雅。

正如在社会中有许多人物质成瘾，在抛开生理性问题的情况下，我们可以将物质成瘾认定为一种意志力薄弱的表现。但如果我们与他们产生过沟通，则会发现他们并非意志力薄弱，而是认为自己的意志力强大到可以抵御物质的成瘾性。一个自认为意志力薄弱的人，才往往具有最强的意志力。

通常提起意志力，许多人认为保持意志力最好的方法，便是足够的自律，但我并不认可这种观点。在我看来，这似乎有些因果颠倒，并非足够的自律使人获得了意志力，而是出于足够的意志力，才使人能抵御诱惑，开始自律的生活。

意志力这个词被不断地提起，但似乎很少有人去思考如何获得更多的意志力，或者说如何获得更高的意志力上限。更有人认为，意志力需要一个人具有足够的社会地位、足够的学识见地，才能获得。这显然也是错误的，意志力本就是获取更高社会地位、更多学识见地的关键手段，每个人都可以通过对意志力的重新认知，来获得具有竞争力的意志力，从而迈向更好的未来。

虽然我们每个人的意志力是有限的，但个体之间可供消耗的意志力总量却是不同的。意志力总量的多少，决定了一个人可以面对何种困境，在困境中又会做出何种的选择。显而易见的是，一个拥有更高意志力总量的人，往往可以去实现那些更加难以实现的目标，也就因此获得更为卓越的成就。

一个人的意志力总量取决于多种因素，与他的健康程度、精神状态有着密切的关系。但有着最为直接联系的，则是其过往的经历，一个人在过往有着更多的努力、坚持、实现的经历，他自然也就可以面对更高难度的目标。过往实现的目标并没有随着实现消失，而是使意志力总量得到提升。因此一个人想要扩充自己的意志力总量，需要的则是不断积累过往成功的经历。

提升意志力总量可以使人面对更难实现的目标，并付出更长时间、更高强度的坚持与努力。但无论是多高的意志力总量，都会面临消耗殆尽的那一刻。对于任何人来说，在提升意志力总量的同时，也需要去思考如何减少意志力的消耗，从而使自己的意志力呈现出一种剩余状态，使自己随时可以面对新的挑战。

我们在社会中所进行的每一种行为，不论是简单的走路还是复杂的社交场合，都在或多或少地消耗着我们的意志力。那么如果我们想要减少意志力的消耗，自然要对我们的行为做减法。减少无意义的社交，停止对那些无法改变的事物的掌控欲，坦然地接受那些令我们感到焦虑、痛苦的事件，都可以减少我们的意志力消耗。

更为重要的是，我们需要为大脑设置一种"自动应答"系统，对生活中那些细枝末节、没有太多价值的事情，以"自动应答"的方式进行决策，从而减少我们的意志力消耗。我们生活中所使用的洗漱用品或是我们每天上班所经过的路线，都可以尽可能地简化为一种惯性模式，在没有出现负面影响的情况下，尽可能地不在这些细枝末节的事物上投入精力，自然也就减少了意志力的消耗。

意志力决定了我们能否过好自己的一生，但许多人对意志力的认知却是懵懂且模糊的，许多人处于意志力严重不足的情况，却不自知。有些人甚至是玩网络游戏、在网上购物都无法坚持下来，这本就是一种意志力消耗殆尽的体现。

关于如何保持旺盛的意志力，有一条关键的准则，那便是要对自己的意志力随时处于低估状态，要随时确保自己可以抵御享乐的欲望。

意志力是一种消耗品，我们每个人无时无刻不在获得它，但也每时每刻都在消耗着它，如何在获得与消耗之间保持平衡，是每个人一生都需要认真对待的问题。

高情商 ≠ 会说话

　　近些年心理学家们提出与智商相对应的概念——情商，情商的概念在社会中被快速认同，但对于情商的定义，却存在着很大的差异。在许多人的认知中，所谓的情商便是会说话，懂得如何待人接物，更有甚者将情商解答为一种虚伪的阿谀奉承。

　　无论人们如何解读情商，情商在社会中都有着正面的认可，即使一个人将情商解读出负面的意义，也不影响他希望自身是一个高情商的人。究其根本，在于情商与成功画上了等号，人们逐渐认为智商并非决定一个人社会能力的关键因素，相较于智商，情商似乎在社会中具有更多的应用之地。

　　哈佛大学心理学博士丹尼尔·格尔曼认为，情商是由我们的自我意识、情绪控制、自我激励、认知他人与处理人际关系这五种特征所组合而成。情商也被称为情绪智力，更多应用于对自我情绪的管理，并延伸至人际关系的处理之中。受传统文化的影响，在长久宗族关系缔结的影响下，人们愿意相信情商才是决定一个人能否成功的关键因素。

提起情商，许多人脑海中不免浮现出一个人侃侃而谈的场景，或是想起电影明星在面对刁难问题时机智、幽默的回答。由于社会中的许多人对情商的认知与应用处于片面、浅薄与模糊的状态之中，许多人也不免会忧虑自己是否是一个具有情商的人，自己的情商又是高是低？

大多数人都会忧虑自己的情商高低，毕竟情商在用于自我评价时具有正面意义，而在外界评价时，则往往被演化为一种攻击行为。当一个人在社会中被评价为情商低时，并非受到了针对某种行为、特质的否定，而是遭到了来自自身情绪特质的否定，而这种否定对个体的伤害自然更加难以承受。

但如果一个人对情商的认知仅停留在侃侃而谈，那么在现实生活中他所呈现的很可能是一种低情商的决策。因为如果对情商高的认知是善于沟通，懂得如何聊天，那么则意味着定义本身产生了偏差，所推导出的行为自然是谬之千里。

在日常生活中，有许多人都善于侃侃而谈，善于拉近与他人的关系，但并不意味着他们便具备了高情商。毕竟许多侃侃而谈的人，并无法根据场合来改变自己的行为，在一些不合适的场合中，他们的侃侃而谈会被认作一种低情商行为。同样，虽然许多人在社会中表现出较强的人际关系建立能力，但这也并不一定是高情商的体现，因为很多时候虽然表面上关系得以建立，但在对方内心中很可能已经产生了不满。

那么，一个人如果在社会中表现得沉默寡言，是否便意味着他是一位低情商的人？显然也不是，因为这个人很可能会根据环境、对象来调整自己的行为，可能在这个场合之中他表现得十分沉默寡言，但在其他的场合、人群面前，他很可能会表现出幽默风趣的一面。

当然，情商的高低本身与沉默寡言或是侃侃而谈并无直接关联，与沟通、机智与幽默也并无关联。情商的高低并非出自社会中他人的评价，而是出自一个人对自己、他人的情绪感知能力与自我控制能力。决定一个人情商高低的关键因素，便在于他是否具有感知他人情绪的能力、是否具有控制自身情绪的能力。

情商可以帮助个体在社会中生活、工作和与他人交际时，选择最为契合的行为模式，如此也不免需要根据不同的对象、场合来调整自身的行为模式。一个人如果无法感知到他人的情绪，那么也就无法根据情绪来调整自己的话语，更无法做出自然的应对。在忧愁的人面前欢声笑语，在愤怒的人面前嬉皮笑脸，不免会给对方留下低情商的感受。

一位高情商的人，需要具有对他人情绪细腻的感知、知觉能力，但通常在生活中，大多数人只具备感知能力，而不具备知觉能力。所谓的感知能力，便是对外界信息的观察、感觉、关联过程。一位同事在办公室哭泣，便是我们的观察过程，我们捕捉到他的悲伤情绪便是感觉过程，联想到他不久前刚刚被上级指责，则是我们的信息关联过程。

在信息关联过程中，如果我们没有与他产生共情，那么他被指责后的哭泣，更多时候会被我们认作是一种工作失误的必然后果。我们往往会冷漠地瞥一眼，然后便投入到工作之中对其不管不顾，高情商自然也就无从谈起。

而如果我们看到哭泣的他后，与其产生了共情，那么我们的知觉也将开始介入，根据我们所处的场景、与他的关系导出不同的结果。对于关系普普通通的同事，我们或许会轻轻拍拍他的肩膀；对于关系较好的同事，我们不免会去对其进行安慰。这些不同的举动、行为策略，都是在知觉介入后，通过对其遭遇所产生的观点、看法而产生的。

一个无法细腻感知他人情绪的人，很难与他人产生共情，自然也就无法成为高情商的人。但即使我们可以感知到他人的情绪、与他人产生共情，并根据知觉过程推导出应该进行的行为策略，也不意味着我们便可以成为高情商的人。

因为在知觉与行动之间，还有着自我情绪控制的阻碍，如果我们没有良好的情绪控制能力，我们很难在知觉之后采取行动。如果我们时常处于焦虑、忧虑之中，我们虽然看到朋友在哭泣，也能对他的悲伤产生共情，甚至我们也知道该如何去安慰朋友，但由于我们自身也处于情绪低落的状态之中，自然提不起任何的兴趣去与他人互动。

许多人在社会中并没有表现出高情商的特质，因此高情商才会被认作一种难得的正面特质，被大众所追捧。高情商的感知、知觉、行动过程，其实对大部分人来说并不是一件很难实现的事情，因为我们从孩童时期便开始观察母亲的情绪，并根据情绪的不同做出不同的应对，可以说这种感知、知觉、行动过程，早早地便刻在我们的基因之中。那么为何这种深刻于我们基因中的能力，却只有少部分人能得以真正应用？

想要将感知、知觉转化为行动，首先需要克服的阻碍便是将情感表露看作与他人互动的一种正常行为。源自我们含蓄内敛的传统文化，使许多人即使希望与他人产生正向的互动，也很难将其表现在行为上，许多人会将自我的情绪表露，看作一种阿谀奉承、巴结的行为。

但人与人之间的深层互动，本身便是建立在相互间情绪表露的基础之上，现代心理学也认为适当的自我情感表露有助于关系的建立。毕竟感知、知觉、行动所导出的结果，往往是能起到积极作用，并让他人感到舒服、舒适的。

一个人想要获得高情商，首先应该去培养自身的高自尊感，因为在高自尊感的影响下，我们才会对他人的行为进行积极的解读。在与他人交互的过程中，一个低自尊感的人，很容易将他人平常的话语扭曲解读，即使是他人诚心的赞美，也会从中解读出本就不存在的攻击性。并且，只有在高情商的状态下，我们才会产生与他人正向互动的动力，在遇到他人处于负面情绪时，才会暂时将我们自身放在一旁，而去思考他人的处境。

一个低自尊感的人，出于对自尊心的维护本能与对自我悲惨程度的认定，很难获得换位思考的能力。因为在低自尊感的人看来，自己已经是这个社会中最悲惨的人，自然也就不会去考虑他人的处境。并且，低自尊的状态下，行为上不免会主动地去寻求社会中外界的评价，从而在忽略他人感受的情况下，拼尽全力地展示自己，以希望获得认可。

低自尊如何向高自尊转变？需要转变自己的解读角度，对好的结果进行向内归因，而对不好的结果进行适当的向外归因，从而扭转自己的自尊状态。同时还需要撇弃向外寻的自我评价方式，真正地认清自己，聚焦于自身的优势之中。

当完成低自尊向高自尊的转变，自然愿意去对他人的情绪施以援手，在社交过程中也就具有了高情商的体现。想要体现出高情商是一件简单的事情，想要维持高情商的状态却是一件艰难的事情。毕竟有时我们在生活中不得不面临突如其来的冲突，而在冲突过程中，我们很难控制住自己的情绪，很可能陷入愤怒情绪爆发的状态之中，自然也就表现出了低情商的特质。

许多人一生都在被情绪所左右，其行为并非基于对现实的理性思考，而是出自自身情绪的驱使。情绪的控制在应用过程中可以使用"分裂"的形式，就是对事物进行好与坏两极分化的定义。当一个同事与我们不存在根本性矛盾，相处较为融洽时，完全可以认定对方是一个好人，从而当对方表现出负面缺点，或是与我们产生冲突时，我们首先要做的是调整对其的定义，而非愤怒地宣泄，这个过程促使我们理性地思考，而非受感性所驱使。

我们的负面情绪来自对事物的无力感，当我们认为自己无法掌控一件事情时，往往会变得焦虑与愤怒。但社会中存在许多我们无法掌控的事情，并非所有事情我们都可以解决，因此在面对许多事情时，我们只能选择接受与拒绝。在选择接受与拒绝的过程中，我们是借助对事物的分析所导出的结果，因此情绪并不重要。

感知、知觉他人，并在高自尊的驱动下去设身处地地思考他人的境地，然后根据他人的实际情况，来选择我们的行为策略。在这个过程中，我们往往可以洞察他人的真实需求，并找出真正适合对方的行为。

是否会说话与情商高低并无直接的关联，因为行动永远比话语更具备说服力。

认知的三个层次

世界万物是客观存在的，但客观的世界却是由我们人类主观意识所定义的。受限于人类有限的观测、洞察能力，我们只能通过想象去赋予客观存在意义。对世间万物的认知，也便由于每个人的主观倾向与过往经历而产生差异。

同样客观存在的事物，由于观测者的倾向、经历不同，会表现出不同的形态，而由于形态的不同，每个人所获取到的感悟、所产生的情绪波动也大为不同。

但由于人类生理结构的相似性，我们人类的认知本身也在遵循着一定的路径，这意味着我们的认知过程具有趋同性。在趋同性的基础上，我们的先贤通过对人类认知过程进行抽象、分析、归纳，总结出了一套具有普适性的认知过程与认知层级。

"看山是山，看山不是山，看山还是山。"这句话可谓是广为熟知，但许多人对这句话仅仅停留在表面的认知之中，并没有意识到这句话中所蕴含的真正价值。

这句具有超前启示意义的话，与现代西方的一些观点不谋而合。但许多看到这句话的人，受限于文字表达方式的时代性，认为这句话是故弄玄虚、高谈阔论，也就不免如入宝山空手回。

我们从孩童时期的牙牙学语，到成年后可以凭借自己的知识在社会分工中换取生存机会，本身便是一个"看山是山"的过程。我们从懵懂时期便开始对这个世界进行建构，我们所接受的所有信息，都是建构的过程。"看山是山"，便是我们人生中的第一个阶段，在这个阶段中，我们的使命便是对事物建立基础的认知。

当我们完成"看山是山"，也就是对世界进行建构之后，我们才有能力在这个世界中独自生存。毕竟如果我们对事物不具备基础的认知，比如不知道道路上行驶的是汽车，不知道乘坐汽车可以快速地到达目的地，不认得书本中的字，那么我们在生活中必然是寸步难行的。

我们只有在对世界完成构建之后，才能有自主思想的出现，建立于我们对世界认知的自主思想将指导我们未来的发展。但当世界构建完成之后，许多人出于人类认知闭环的本能，开始对自我进行封闭，拒绝重新构建世界，更是拒绝任何与自己相左的思想和观点。

如果说我们对事物的认知虽然是出自感性，但最终的归途仍是理性，那么持有这种想法的人，则陷入完全的感性之中。毕竟由感性过渡到理性，本身是一件并不容易的事情，因为当一个人完成对世界的构建，认知得以闭环之后，自身不免会有些志得意满，并且由于洞察力、判断力的不足，导致对世界的认知停留在自己所赋予的感知之中，看山也就仅仅是山，根本无法意识到自身的浅薄。

在西方有一个效应叫作邓宁-克鲁格效应，指的是认知能力欠缺的人，往往会在自己欠缺能力的基础上，得出自己认为正确但实际上错误的结论。许多人并无法意识到自己对世界的认知不足，更无法辨别自己的错误行为，反而会志得意满地认为自己的思想、观点已经站在社会的顶端。而这个阶段，在邓宁-克鲁格效应中被称为"愚昧山峰"。

大部分人都处于"愚昧山峰"之中，或者说每一个人都可能在某一个领域中处于"愚昧山峰"。在我们具体地进入某一个领域之前，我们脑海中可能会有着自认为出色、经典的想法，我们甚至会认为，当我们进入某一个领域之后，将对这个领域形成降维打击。如果我们永远没有进入这个领域，那么我们自身的这种"愚昧"并不会被揭穿，我们会一直认为自己十分的高明。

相信许多人都体验过，当自己真正进入一个领域之后，便会发现自己之前的观点、想法不具备可实现性，或是被验证为错误，这无疑会让我们感到痛苦。而这时不同的人会有不同的应对策略，有的人会出于认知闭环需求，拒绝认为自己之前的想法是错误的，而是转而认为这个领域中已经形成了"霸权"，这部分人将一直待在愚昧之巅，在生活中表现出盲目的自信，对各种事物都敢于妄加评判，从而使自己的社交形象受损。

在愚昧之巅的人，所观察到的世界是"正面"的，由于自身能力欠缺，他无法意识到事物背后的本质，从而陷入盲目的自满之中。但客观的世界并不会由于个体的观点而转移，即使是陷入盲目的自满之中，世界也会尝试以现实来使人幡然醒悟。但可惜的是，许多人在幻想与现实之间的冲突中，学会了为自己进行合理化辩护，丧失了宝贵的"清醒"机会。

所幸的是，有极小一部分人会承认自己想法的浅薄，虽然他们不免陷入自我认知能力与现实能力落差所导致的痛苦之中，但这种痛苦却是有价值的。当一个人知道自己不知道时，也就进入开悟之坡，开始了"看山不是山"的修行，而仅仅是这一步的变化，已经可以超越社会中的大部分人。

承认自己无知是一件痛苦的事情，但在这痛苦之中，已经开始了对世界的解构。当我们承认自己的无知，当我们认识到世间万物与我们想象中并不相同的那一刻，在求知欲的驱动之下，我们不免要去寻求事物的答案。

在"看山不是山"这个阶段中，我们不会再片面地看待事物，而是希望去追求事物背后的本质。我们看到蔬菜并不是简单地聚焦于它好不好吃，而是它为什么好吃，它是如何种植、收成、运输、交付的。简单的事物开始变得不再简单，我们看到一座山时，不再只是惊叹于这座山的雄伟，而是开始思考山林中有什么动植物，这些动植物如何形成的生态平衡，这座山历史的面貌与现在的区别。

这其实也是一种感性回归理性的过程，我们在面对事物时的思考，不再是感性的惊叹，而是开始理性地对事物背后的本质进行剖析。在这个过程中，我们会逐渐意识到世界万物的运行规律，而这个过程，必然是与我们之前建构的世界冲突的。

当一个人"看山不是山"时，也就意味着他开始探寻到世界的"背面"，也就回归了现实。现实往往是残酷的，以理性的角度来观察、洞悉这个世界，需要的不仅仅是知识与经验那么简单。

现实是残酷的，或许许多人会对此嗤之以鼻，但对于每一位开始"看山不是山"的人来说，他们可以切实地感受到这种残酷。当感性开始回归理性时，感性本身中所蕴含的人文、人性价值，将被解构为一种利益交换。在这个阶段中，不免会以理性的角度去看待许多不应以理性观察的事物。

当其他人在憧憬爱情、享受着浓浓爱意带来的陶醉时，处于"看山不是山"阶段的个体，却会解构出爱情不过是独立个体互相建立风险共同体。当别人在来自父母的爱意中获得慰藉时，处于"看山不是山"阶段的个体，却会解读出基因延续本能与风险迭代承担。

理性的视角可以使人对世界具有更深入的洞悉，但人毕竟不是完全理性的动物，过度的理性不免会让世界变得冷漠。我见过许多企业家，正是处于"看山不是山"的阶段，凭借理性、能力、经验获得成功的他们，其中有一部分人开始对世界变得冷漠，开始以单纯的利益得失来衡量世间的一切情感。

不可否认，他们很聪明，他们在竞争中脱颖而出成为成功者，但他们理性的聪明却让他们感到孤独。许多人并非刻意地以理性角度来衡量人性，而是在长久的"看山不是山"之中，他们的思维已经养成了理性的习惯，他们对世间万物习惯性地洞察，直接将答案映照在他们的脑海之中。

大部分人停留在"看山是山"的愚昧之巅中，以感性指导着自己的生活。少部分人成功进入开悟之坡，开始以理性来解构这个世界，变得"看山不是山"。但只有极少数人可以进入下一个环节，也就是"看山还是山"。

"看山还是山"，我认为是一种极高的处世哲学，也是我们普通人所能触摸的最高精神领域。在以理性的角度解构世界，看清了许多温情人性背后的利益纠缠，许多人会陷入"社会达尔文主义"之中，开始认为弱肉强食是这个世界运行的规则，他们不免因此变得冷漠，也因此变得孤独，他们的思想境界也大多停滞于此。

当认清这个世界的本质后，也就完成了世界的解构环节，而在解构之后，许多人却忽略了重构世界的环节。从感性回归理性之后，仍然处于一种极端思想之中，想要进入下一个环节，就需要在感性与理性之间找到平衡，重构自己对世界的认知。

在这个世界中，许多事物即使我们洞察了其内在本质，也不意味着我们便具有改变它的能力。很多时候即使我们参透了内在本质，也不得不接受它所表现出的样子，这并非一种无奈，而是一种现实，毕竟我们个人的意志永远无法扭转群体的意志。

在这个环节中，则需要我们去接纳那些无法改变、无法掌控的事情，去承认存在的合理性，并从中找出一种相处之道。如果说婚姻的本质是利益、风险共同体的缔结，理性的人或许会对这种深度的捆绑关系敬而远之，但真正"看山还是山"的人，则会尽力从这种利益、风险共同体的相处关系中，找到那些非理性的情感、关怀，从而获取到足够的快乐。

看清事物的本质，本身并不难，难的是在看清事物本质之后仍然尊重事物存在的意义，仍然愿意去接触、去接纳，并通过多角度的思考来找到适合自己的答案。一个人表现得足够理性其实并不难，难的是在足够理性之后，仍然为自己的生活中植入感性，如此才能达到平衡的状态。

"看山还是山"，这或许是许多人一辈子都无法达到的境界，这个境界中没有刻意套用的模板，完全依靠个体对生活的感悟，对自我认知的调整，每个人都有着不同的道路。

走通这条路，便达到了"深知刚强，安守柔弱"的善境界，而再往上又有何等的认知境界？或许只有身处这条路终点的人，才能体会。